森林报·夏

[苏]比安基／著　李菲／编译

内蒙古出版集团
内蒙古文化出版社

图书在版编目（CIP）数据

森林报·夏／（苏）比安基著；李菲编译. —呼伦贝尔：内蒙古文化出版社，
2012.7

ISBN 978-7-5521-0087-7

Ⅰ．①森… Ⅱ．①比… ②李… Ⅲ．①森林－少年读物
Ⅳ．① S7-49

中国版本图书馆 CIP 数据核字（2012）第 170642 号

森林报·夏

（苏）比安基　著

责任编辑：王　春

出版发行：内蒙古文化出版社
地　　址：呼伦贝尔市海拉尔区河东新春街4付3号
直销热线：0470-8241422　　**邮编：**021008

印　　刷：三河市同力彩印有限公司
开　　本：787mm×1092mm　　1/16
字　　数：200千
印　　张：10
版　　次：2012年10月第1版
印　　次：2021年6月第2次印刷
印　　数：5001-6000
书　　号：ISBN 978-7-5521-0087-7
定　　价：35.80元

阅读说明书

虽说《森林报》的名字带了一个"报"字，但是却不是一般意义上的报纸，因为它报道的是森林的事，森林里飞禽走兽和昆虫的事。

不要以为只有人类才有很多新闻，其实，森林里的新闻一点儿也不比城市里少。那里也有它的悲喜事。那里的居民有自己的房子、集体、朋友和敌人，有自己的大事件，有自己的生存方式，有自己的战争,那里也有几家欢喜几家愁……

比如，在炎炎夏日里，狐狸抢走了獾的住宅；猞猁变成了森林里的夜行大盗；早上的露珠可以把绿色染成蓝色；猎人与飞禽斗智斗勇……这些你都知道吗？你在报纸上看到过吗？

本书作者是前苏联著名科普作家维·比安基。比安基文笔优美，擅长描写动植物生活，笔调轻快。在他的笔下，森林中一年的12个月，层次分明、错落有致、类别清晰地展现在我们面前。在这里，你能看到栩栩如生的动物和植物，你能看到优美的风景，你能学到该如何观察大自然、该如何保护大自然……

本书是《森林报》的第二部分：夏。在夏天，酷暑难当，白昼的时间特别长，动物和植物都开始作着生存的斗争。生命在这一段时间里茂盛而残酷地生长着。尽管在森林里有太多的危险和不稳定的因素，可我们的生灵们还是勇敢地为生存作着斗争。丰收的季节就要来了，它们正在努力地吸收着更多的营养。

　　维·比安基是前苏联著名儿童科普作家和儿童文学家。他一生中的大部分时间都是在森林中度过的。在他三十多年的创作生涯中，他写下了大量的科普作品、童话和小说，其代表作有《森林报》、《少年哥伦布》、《写在雪地上的书》等。

　　1894年，维·比安基出生在一个养着许多飞禽走兽的家庭里。他的父亲是俄国著名的自然科学家。他从小就喜欢到科学院动物博物馆去看标本，跟随父亲上山打猎，跟家人到郊外、乡村或海边去住。在那里，父亲教会他怎样根据飞行的模样识别鸟儿，怎样根据脚印识别野兽……更重要的是教会他怎样观察、积累和记录大自然的全部印象。

　　27岁时，比安基已记下一大堆日记，他决心要用艺术的语言，让那些奇妙、美丽、珍奇的小动物永远活在他的书里。

　　作为他的代表作，《森林报》自1927年出版后，连续再版，深受青少年朋友的喜爱。1959年，比安基因脑溢血逝世。

目 录

辛勤筑巢月（夏季第1月）

一年：12个月的太阳诗篇——6月　/2
大家都住在哪里　/3
那些舒适的房子
谁的房子最好
房子是用什么材料建成的
借住别人的房子
巢里装着什么
森林中的大事　/9
狐狸住进獾的家
神奇的植物
会变魔术的花
神秘的夜行大盗
凶手是谁
六只脚的小野兽
编辑部的解释
是刺猬救了她
我家的蜥蜴
少年科学家的观察日记
小燕雀的妈妈
用枪打蚊子
对付小偷的好方法
云做的大象
重建森林
林中大战（续前）　/23
祝你钩钩永不落空　/26
天气和钓鱼
乘小船去钓鱼

捉小龙虾
农场趣事　/30
乡村日历
牧草的抱怨
可怜的小猪
女客人失踪了
小羊羔开始独立生活
浆果准备上路了
少年自然科学家讲的故事
狩　猎　/35
难对付的敌人
会跳的敌人
不寻常的事
东南西北无线电通报　/41
注意！注意！
这里是北冰洋群岛
这里是中亚沙漠
这里是乌苏里原始森林
这里是阿尔泰山脉
这里是海洋
打靶场　/49
第4次竞赛
公　告　/50
"神眼"称号竞赛：第3次测验
爱护我们的朋友

目　录

小鸟出世月（夏季第2月）

一年：12个月的太阳诗篇——7月　/54

森林里的孩子们　/55

谁的孩子最多

被抛弃的孩子

疼爱孩子的父母

忙碌的鸟儿

刚出生的小鸟

岛上的"殖民地"

雌雄颠倒

森林中的大事　/61

原来不是自己的孩子

小熊洗澡

猫成了小白兔的奶娘

聪明的摇头鸟

藏到哪儿去了

可怕的毛毡苔

水底斗殴事件

学游泳的小矶凫

有趣的小果实

它们不是小野鸭

纯洁的铃兰

天蓝色的草

可怕的森林火灾

森林的朋友

林中大战（续前）　/73

农场趣事　/76

忙碌的农场

孩子们也来帮忙

禾谷的报告

两块不一样的马铃薯地

第一个白蘑

鸟的家园　/81

狩　猎　/86

黑夜的恐怖

大白天打劫

哪些是益鸟，哪些是害鸟

在巢旁打猛禽

偷　袭

这是个圈套

黑夜打猛禽

夏猎开禁

打靶场　/94

第5次竞赛

公　告　/95

帮帮流浪儿

"神眼"称号竞赛：第4次测验

目 录

结队飞行月（夏季第3月）

一年：12个月的太阳诗篇——8月　/100
森林里出了新规矩　/101
小孩儿们长大了
教练场
蜘蛛也会飞
森林中的大事　/105
吃光树林的山羊
大家一起捉强盗
草莓红了
胆小的狗熊
夏天的"雪花"
处在保护中的白野鸭
绿色的朋友　/114
造林用什么树
机器种树
大家一起来造林
小小的苗木圃
林中大战（续前）　/118
农场趣事　/121
农场更忙了
聚精会神的猫头鹰
杂草被骗了
虚惊一场
猪口兴旺
黄瓜的抱怨
它们的帽子

蜜蜂去哪了
狩　猎　/126
去森林打猎
打野鸭
猎人的朋友
看谁更有耐性
不公平的较量
打靶场　/140
第6次竞赛
公　告　/141
寻　鸟
代向读者问好
"神眼"称号竞赛：第5次测验
打靶场答案　/145
"神眼"称号竞赛答案及解释　/148

森林报·夏

辛勤筑巢月

6月21日到7月20日 太阳走进巨蟹宫

（夏季第1月）

No.4

一年：12个月的太阳诗篇——6月

大家都住在哪里

森林中的大事

林中大战（续前）

祝你钩钩永不落空

农场趣事

狩 猎

东南西北无线电通报

打靶场

公 告

一年：
12个月的太阳诗篇

—— 6月

转眼6月到了，玫瑰花开了，鸟儿也已经搬完家了，夏天悄悄来临。白昼越来越长，在地球最北的地方，太阳24小时都挂在天上，那儿完全没有了黑夜。在潮湿的草地上，花儿越开越鲜艳，金凤花、立金花、毛茛（gèn）遍地都是，把整个草地染成了一片金黄色。

太阳刚刚升起的黎明时分，勤劳的人们便到森林里采集很多药草的花、茎和根，然后把它们储藏起来，以备患病的时候，把它们内部吸收的太阳的能量，全部转移到自己身上来。

6月22日是一年中白天最长的一天，这一天被称为夏至，这一天已经匆匆过去了。

告别了这一天，白天的时间开始慢慢地缩短，就跟那时春天的到来一样。人们常说："夏天的笑脸已经从帐篷顶上露出来了！"

所有的鸟兽昆虫都有了自己的巢穴，巢内有各种颜色的蛋！从薄薄的蛋壳里会钻出柔弱的小生命。

大家都住在哪里

名家导读

这个月是小鸟将要孵化的时候，为了让自己的孩子健康、安全地出生、成长，森林里的动物们有的已经建好了自己的房子，有的正在建。《森林报》的记者决定去了解了解那些飞禽走兽、虫儿、鱼儿都住在哪里，它们如何建造自己的房子，它们生活得怎么样。

那些舒适的房子

现在，森林里到处都建起了漂亮的小房子，几乎所有的地方都被占据了。地面上、地底下、水面下、水底下、树枝上、树干中、草丛里、半空中，到处都是住户。

在半空中盖房子的有黄鹂。黄鹂的房子是用亚麻、草茎和毛发编成的，看起来就像是一只轻巧的小篮子高高地挂在白桦树枝上，在这个小篮子里面放着黄鹂的蛋。而神奇的是，无论多大的风摇曳树枝，蛋都不会打破！

在草丛里盖房子的有百灵、篱莺、林鹨（liù）、鹀（wú）鸟以及许许多多别的鸟。其中篱莺的房子是用干草和干苔藓做的，上面还有个房盖，侧面有个开着的门，这是我们的记者最喜欢的房子。

在树上做洞屋的有鼯鼠、蠹（dù）虫、木蠹曲、啄木鸟、椋（liáng）鸟、山雀、猫头鹰和许多别的鸟儿。

居住在地底下的有鼹鼠、田鼠、獾（huān）子、灰沙燕、翠鸟和各种各样的虫儿。

鸊鷉（pì tī）是一种没有尾巴的水鸟，它的巢是用沼泽里的草、芦苇和水藻织成的，像木筏一样浮在水面上，漂来漂去。

还有一些居民把房子盖在水底下，如河榧（fěi）子和银色水蜘蛛。

谁的房子最好

我们的记者想在森林中评选一所最好的房子。可是，要评选出最好的房子，可不是一件容易事啊！

雕用粗树枝做成的巢是最大的，它的巢就架在一棵又大又粗的松树上。

黄头戴菊鸟的巢是最小的，它的巢只有一个拳头那么大，这是因为它自己的个头儿比蜻蜓还小。

田鼠的房子是最狡猾的。房子里有许多前门、后门和紧急出口。不管你用什么方法，都别想把田鼠堵在洞里！

卷叶象鼻虫的房子是最艺术的。它把白桦树的叶脉咬断，等到叶子枯萎之后，它就把叶子卷成小筒，用唾液粘上。这样小筒就成了卷叶象鼻虫的房子了。更神奇的是，雌卷叶象鼻虫就在这小筒里面产卵。

戴领带的勾嘴鹬和夜游神鸥莺的巢是最普通的。勾嘴鹬直接把它的蛋下在小河边的沙滩上，鸥莺也直接把它的蛋下在小坑里或者树下的枯叶堆里。这两种鸟都不会把力气花在造房子上。

反舌鸟的房子是最漂亮的。它把房子建在白桦树的树枝上，用苔藓和比较轻的白桦树皮来装修。它还从一个别墅的花园里捡来一些五颜六色的碎纸片，贴在房子的周围做装饰。

长尾巴山雀的巢是最舒适的。长尾巴山雀还被人们称做"汤勺子"，因为它长得很像舀汤用的长柄勺。它的巢，里层是用绒毛、羽毛和兽毛编的，外层粘上苔藓。整个巢圆圆的，看起来像一个小南瓜，在房子最中间是巢的入口，这个入口又小又圆。

河椙子幼虫的小房子是最方便的。河椙子是一种有翅膀的昆虫。它们不动的时候，就会把翅膀收在自己的背上，把自己的整个身体都盖住。但是河椙子的幼虫没有翅膀，全身光溜溜的，也没有任何东西覆盖。它们通常生活在小河和小溪的底部。

河椙子的幼虫通常会去寻找一些和自己的背差不多长短的稻草或是细树枝，然后再在上面粘一个用泥土做的小管子，最后自己倒着爬进去。

这是多么的方便啊！幼虫有时候全身都躲在小管子里，安安静静地睡觉，谁也看不见它；有时候它又伸出前脚，背着自己的小房子到处走，可见这小房子是多么的轻便啊！

更有趣的是，有一只河椙子的幼虫，在河底找到了一个烟蒂。于是，它就钻到了里面，带着烟蒂到处旅行。

银色水蜘蛛的房子是最奇怪的。它住在水里，它在水草间织了一面蜘蛛网，再用毛茸茸的肚皮带来一些气泡放在蜘蛛网下，它就生活在这个有空气的小房子里。

房子是用什么材料建成的

森林里的房子，都是用各种各样的材料建成的。

会歌唱的鸫（dōng）鸟是用烂木屑做成的"石灰"来粉刷房间的内壁。

家燕和金腰燕是用自己的唾液将烂泥做成的巢牢牢粘住。

黑头莺是用又轻又黏的蜘蛛网将细树枝粘牢，做成自己的巢。

鸤(shī)鸟这种小鸟，会从笔直的树干上，头朝下地跑来跑去。它住在入口很大的树洞里。为了防止松鼠爬进它的洞里，它会用泥土把洞口封起来，只留下一个自己可以钻进去的小孔。

翠鸟的羽毛很漂亮，蓝绿相间，还夹杂着咖啡色条纹。它造的巢很有趣。它会在河岸上挖一个很深的洞，在自己的小房间的地面上铺一层细鱼刺。这样，就做成了一条软软的床垫子。

借住别人的房子

要是有谁不会建造房子，或者懒得建造房子，那就只能借住别人的房子了。

杜鹃通常会把蛋产在鹡鸰(jí líng)、黑头莺、知更鸟或其他会做巢的小鸟的巢里。

森林里的黑勾嘴鹨会找一个破旧的乌鸦巢，直接在里面孵自己的小鸟。

鲍鱼很喜欢水底沙岸壁上的小洞，只要洞的主人一离开，鲍鱼就不慌不忙地在里面产卵了。

有一只麻雀，它安家的方式很巧妙。

一开始，它在屋檐下造了一个巢，结果，不幸被淘气的男孩子捣毁了。然后，它又在树洞里造了个巢，可恶的伶鼬把它所有的蛋都偷走了。于是，麻雀就干脆把巢建在雕的大巢旁边了。在这些粗大的树枝间，放一个小小的麻雀巢，地方还是很宽敞的。

现在，麻雀终于可以舒舒服服地过日子了。大雕根本不会留意它有这么小的一个邻居。至于那些伶鼬、猫儿、老鹰，甚至是男孩子们，都不敢再破坏它的巢了，因为没有谁是不怕大雕的。

巢里装着什么

巢里面有蛋，不一样的巢装着不一样的蛋！

不同的鸟产的蛋是不同的，这不是平白无故的，而是有原因的。

勾嘴鹬的蛋上有大大小小的斑点；而歪脖鸟的蛋是白色的，稍微带点儿粉红色。

这是什么原因呢？原来，歪脖鸟的蛋下在又黑又深的洞里，不会被别人看见。而勾嘴鹬的蛋却是直接下在草墩上的，完全暴露在外面。如果勾嘴鹬的蛋和歪脖鸟的蛋一样是白色的，就容易被看到。所以，现在这个颜色，就能被草墩的色彩盖住，这样就不容易被发现了。可是，你也许会因为看不见它们而一脚踩上去。

野鸭的蛋也差不多是白色的，它们的巢也在草墩上，也是暴露在外面的。于是，聪明的野鸭在离开巢之前会从身上啄下自己的几片羽毛盖在蛋上，这样，别的动物就不会发现它的蛋了。

为什么勾嘴鹬的蛋有一头是尖的，而兀鹰的蛋却是圆的呢？

道理很简单：勾嘴鹬是一种小鸟，而兀鹰的个头是它的五倍大。而勾嘴鹬的蛋却很大，蛋的一头尖尖的，小头对小头地放在一

起，不会占很大的空间。如果不是这样，它在孵蛋的时候会很麻烦。

可是，为什么小勾嘴鹬的蛋会和大兀鹰的蛋一样大呢？

这个问题，只好等到下一期谈到雏鸟出世的时候，再告诉大家了。

 名家点拨

小鸟在这个月开始建巢，还有很多昆虫和鱼也开始建巢了，作者用生动、有趣的语言，为我们介绍了动物们各式各样的巢，还讲解了它们用什么材料建巢，以及那些不建巢的动物居住在哪里，并告诉我们这些巢里都装着什么，让我们全面地、详细地了解了动物们的居住环境。

森林中的大事

名家导读

夏天开始的这一个月，森林里又发生了哪些惊天动地的大事呢？我们的记者决定去一探究竟。瞧，狡猾的狐狸赶走了獾，住进了獾的家；浮萍在水里自由自在地生活着；森林出现了神秘的大盗；勇敢的刺猬救了小玛莎；我们在绿色朋友的帮忙下重建了森林……这个月发生的事情实在太多了，还是赶紧去瞧瞧吧！

狐狸住进獾的家

狐狸遇到了一件挺倒霉的事，它洞里的天花板塌了，差儿一点儿把它的孩子们给砸死。

房子已经毁了，狐狸决定搬家了。

于是，狐狸搬到了獾家里。獾的房子很宽敞，是它自己挖的。入口和出口都有，这是为了防止敌人突然发动攻击而用来逃生的。

獾的房子很大，能够容纳下两个家庭。

狐狸想借用獾的一间房子，可是被獾拒绝了。獾可是很讲究的动物，它很爱干净，爱整洁，它可不想狐狸把它的房子弄脏了。它想："怎么能让别的家庭住进我的房子呢？再说，还拖家带口的！"

狐狸被獾赶出了洞穴，但是狐狸心想：

"好吧！咱们走着瞧！"

狐狸假装到森林里去了，可实际上，它就躲在灌木丛后边，在那里等待着时机。

獾出来瞧了瞧，以为狐狸已经离开了。于是，它爬出洞，到森林里找蜗牛吃去了。

狐狸趁这个机会，快速地跑进洞里，在地上拉了一堆屎，把房子弄得乱七八糟的，然后才离开。

獾回家一看：天哪！怎么这么臭啊！它气得哼哼唧唧的，然后就去别的地方又给自己挖洞去了。

这正合狐狸的心意。

狐狸把它的孩子们都叼了过来，在这个舒服的獾洞里住下了。

神奇的植物

池塘里长满了浮萍，有的人称它们为"苔草"。其实苔草和浮萍根本就不是一种植物，它们各有各的特点。浮萍是一种很有趣的植物，它和其他植物不太一样。它的根细而小，上面还长着一些小绿片儿，漂浮在水面上，绿片儿上长着一个又长又圆的凸起来的小烧饼茎和小烧饼枝。浮萍是没有叶子的，它几乎不怎么开花，只在有的时候开几朵花。其实，它也不用开花，因为它繁殖起来又快又简单，只要从小烧饼茎上脱落下一根小烧饼枝儿，它就能由一棵变成两棵了。

浮萍的生活过得可真自在，它走到哪里，家就在哪里，无论什么也不

能把它拴在一个地方不动。当有野鸭从它的身边游过时，它就挂在野鸭的脚上，跟随着野鸭从一个地方游到另一个地方去了。

会变魔术的花

在空地和草场上，开满了紫红色的矢车菊。我一看见它，就想起伏牛花来。因为它们都是会变魔术的植物。

矢车菊的花不是简单的花，它是由很多小花组成的花序。它那些漂亮又蓬松的、像犄角一样的小花，其实只是一些不结籽的无实花。它真正的花在中间，是一些暗红色的小管子。在管子里面，长着一株雌蕊和几株会变魔术的雄蕊。

你只要碰到这些暗红色的小管子，它就会歪向一旁，从上面的小孔里还会喷出一些花粉来。

再过一会儿，你再碰它一下，它又会喷出花粉来。

瞧，这是多有趣的魔术啊！

这些花粉可不会白白浪费，每当有昆虫向它要花粉时，它就会满足它们。不管是拿去吃还是沾在身上，只要多少带点儿到另外的矢车菊上就行了。

阅读理解
植物也会变魔术？当然不可能，这是对植物的生理现象使用了拟人的修辞。

神秘的夜行大盗

森林里出现了一个神秘的夜行大盗，闹得森林中的居民们提心吊胆的！

每天夜里，总有几只小兔子离奇失踪。于是，那些兔子、小鹿、禽鸡、松鸡、榛鸡、松鼠每天一到夜里就特别害怕，总觉得危险就要降临了。无论是灌木丛中的鸟儿，还是树上的松鼠，或者地上的老鼠，它们每晚都担惊受怕，不知道什么时候会受到攻击。这位神秘杀手的出现总是很突然，它有时候从草里钻出来，有时候又从灌木丛里跳出来，有时候甚至还出现在树上。好像凶手不止一个，而是一帮呢。

前些天，一个獐鹿的小家庭——獐鹿爸爸、獐鹿妈妈和两只獐鹿宝宝，夜里去空地找吃的。獐鹿爸爸站在距离灌木丛8步远的地方放哨，獐鹿妈妈带着两个小宝贝在空地里吃草。这时候，一个全身乌黑的东西从灌木丛里蹿出来，一下子就跳到了獐鹿爸爸的背上。

獐鹿爸爸就这样倒下了。獐鹿妈妈带着两个孩子拼命地向森林逃去。

黎明时分，獐鹿妈妈再次来到空地上，看到可怜的獐鹿爸爸只剩下了两只犄角和四个蹄子。

而在昨天晚上，一只麋鹿也遭受其害了。它穿过茂密的森林时，看见路旁的一棵树上有个奇怪的大木瘤。

麋鹿的块头很大，它谁也不怕。单凭它那对大犄角，连熊见了都得逃得远远的。

麋鹿走到那棵树下，正要仰起头仔细看看那木瘤的样子。突然，一个可怕的、足足有30千克重的大家伙一下子压到它的脖子上。

麋鹿被吓了一跳，它猛地一甩脑袋，把袭击者从背上抛了出去。然后它都没敢回头看一眼，拔腿就跑。所以，夜里到底是被谁袭击了，它到现在都不知道。

这儿的森林里没有狼，就算是有，狼也不可能爬到树上去啊。也不可能是熊，熊现在还懒懒地躲在密林深处呢。就算是熊，它也无法从树上跳下来，压到麋鹿的脖子上啊！那么，这个神秘的夜行大盗到底是谁呢？

至今，还没有谁能搞清楚。

阅读理解

獐鹿即麝，它体积不大，身长一般只有1米左右，它有前肢和后肢，前肢短，后肢长，蹄小耳大。它和鹿显著的区别之一是它头上无角。

凶手是谁

今天夜里，森林中又发生了一起谋杀案，被害者是松鼠。我们仔细勘查了被害者的出事地点，根据凶手在树干和树底下遗留的痕迹，我们最终可以确认这个神秘的凶手是谁了。而且，它就是不久前咬死獐鹿的夜行大盗，就是它扰乱了整个森林的治安。

根据凶手留下的脚印，我们可以断定，凶手是我们北方森林里像豹子一样的残忍的森林猫——猞猁(shē lì)。

小猞猁长大后，猞猁妈妈就带着它们满树林乱窜，在一棵棵树上爬来爬去。

猞猁长着一双夜视眼，这让它们在夜晚看得和白天一样清晰。谁要是在睡觉前没有好好地躲起来，那可就要遭殃喽！

阅读理解

与前面"神秘的夜行大盗"那一节相呼应，使行文穿插连贯。

六只脚的小野兽

我们的一位森林记者，从加里宁省发回这样一条报道：

"为了强身健体，我想在地上竖立一根竿子。我在挖土的时候，一只小野兽出现在泥土里。我从没见过这样的动物，它前面的脚掌有爪子，背上还有两片像翅膀一样的薄膜，身体上覆盖有一层又短又密的棕黄色的细毛，像是兽毛。小野兽有5厘米长，我实在搞不清它是什么小兽。有点儿像黄蜂，又有点儿像田鼠，可是它又有6只脚，看起来应该是一种昆虫，却不知道是哪一种。"

编辑部的解释

这种特别的昆虫，看上去确实有点儿像野兽。这也就怪不得它有一个野兽的名字了——蝼蛄(lóu gū)。它和鼹鼠在很多地方都很像，都有宽阔的前爪，都是挖土的专家。小蝼蛄的前脚像一把剪刀，这对"剪刀"对它来说很重要，有了这对"剪刀"，它在地下玩耍的时候才能剪断植物的根茎。而个子大、力量又足的鼹鼠要完成这件事就简单多了，它只需要用自己强有力的前爪，一抓就可以弄断了，要不然就用牙齿直接咬断。

蝼蛄的两颚上生着一副像牙齿一样的锯齿状的薄片。

蝼蛄的大部分时间都生活在地下。它挖地道，也像鼹鼠一样，把卵产在地道中，之后用一个小土堆盖住。除此之外，蝼蛄还有一对又大又软的翅膀，它的飞行技术很高超。这方面，它可比鼹鼠强多了。

在加里宁省，看到蝼蛄的机会并不多，在列宁格勒就更少了。但是，在南部省区，这种小家伙就特别多。

谁要是想找到这个与众不同的小昆虫，那就在潮湿的土地上找吧，它特别喜欢呆在水边、花园和菜园里。如果想要捉到它就用这样的方法：选一个地方，每天晚上往那浇水，用木屑把那个地方盖起来。夜里的时候，蝼蛄就会自觉地钻到木屑下的脏东西里去。

是刺猬救了她

阅读理解

说明玛莎是被刺猬扎到了，刺猬只有在受惊时，才将全身棘刺竖立，以此来保护自己。但是，刺猬性格温驯，不会随意伤人。

玛莎一清早就醒了，急急忙忙地穿好衣服，光着双脚，就跑到森林里去了。

森林里的小山上长满了草莓。玛莎麻利地采了一篮子，转身往家跑。她在一个个被露水淋湿了的草墩上跳跃着，突然滑了一大跤，立刻就感到钻心的疼痛。原来，她从草墩上滑下来，一只脚丫被什么尖东西刺到了，流出血来了。

刚好，一只刺猬蹲在草墩旁。此时，它正蜷着身子，呼呼地叫着。

玛莎一边哭，一边坐到了旁边的草墩上，用衣服擦着脚面上

的血。刺猬还是没有出声。

突然，一条背上有锯齿形黑条纹的大灰蛇，向玛莎这边游了过来。这是条毒蛇！玛莎吓得腿都软了。毒蛇离玛莎越来越近，吐着分叉的舌头，咝咝地叫着。这时，刺猬突然站出来，小跑着奔向毒蛇。毒蛇抬起整个上半身，甩向刺猬，像根鞭子一样抽过去。刺猬可真灵敏，立即竖起了身上的刺。毒蛇害怕了，咝咝地叫起来，转身想要逃跑。可是，小刺猬却已经扑到它的身上，从背后用牙齿咬住它的头，用爪子使劲拍打它的后背。

这时，玛莎突然回过神来，赶忙从草墩上跳了起来，跑回了家。

我家的蜥蜴

我在森林里一个树墩旁抓到了一只蜥蜴(xī yì)，将它带回了家里。我找来一个玻璃罐，在它的底部铺上沙土和石子，然后把蜥蜴放在里面。每天，我都给它抓一些苍蝇、甲虫、小虫子、蛆虫、蜗牛什么的，还给它换水、换草。每次蜥蜴都会津津有味地大口吃掉它们。它特别喜欢那种生长在甘蓝丛里的白蛾子。看！蜥蜴飞快地转动一下小脑袋，张开了嘴巴，吐出了舌头，跳跃着扑向自己的美味，就像小狗见到骨头一样。

一天清晨，我在小石子之间的沙土里发现了十多个椭圆形的小白蛋，蛋壳又软又薄。蜥蜴挑了个地方孵蛋，那里可以让蛋晒到太阳。过了一个月，蛋里面的小蜥蜴破壳而出，它们的动作是那么的灵敏，长得和妈妈完全一样。

现在，这些小蜥蜴都躺在石子上沐浴阳光呢！

谢斯加科夫

少年科学家的观察日记

燕子窝

6月25日

每天，我眼看着燕子在我面前辛辛苦苦地工作，一次又一次地衔泥筑巢，慢慢地那个巢就大了起来。每天天一放亮，它们就开始干活了，中午又开始修补，用唾液粘上泥土，一直到日落前两小时，才停下来。因为要让泥土干一干才能继续粘。

有时候，其他燕子来家里作客，如果我家的大雄猫费达谢奇不在屋顶的话，它们会在房梁上呆一会儿，唧唧喳喳，和气地说一会儿话。新居的主人是不会赶走它们的。

　　月亮从圆转缺，两端尖朝右的时候，人们管这叫做"下弦月"，现在燕子的窝越来越像下弦月了。

　　我现在已经知道，为什么燕子窝的形状会是那样的，为什么巢的左右两侧增长的幅度会不一样。原来，筑巢的工作是由雄燕和雌燕一起完成的，它们两个的干劲儿也有所不同。雌燕衔泥飞回来后，头总是往左歪的；它干活非常卖力，衔泥的次数也比雄燕多。而雄燕，经常一离开就是几小时不回来，我想大概是和别的燕子在云朵下边玩耍呢！雄燕在巢上干活，头总是向右歪的。雄燕总是比雌燕落后，巢的右面也总是落后于左面，所以这个建筑工程才会像下弦月。

　　雄燕可真是太懒了，可它自己却满不在乎！要知道，它可是比雌燕还强壮呢！

　　6月28日

　　燕子已经完成了衔泥的工作，现在它们正向巢里衔干草和羽毛，用这些东西做成垫子。真是不可思议，它们的建筑会考虑得这么巧妙：原来，从设计上考虑，燕子窝就应该一边比另一边长得快一些！雌燕已经把自己这边粘到最顶端了，而雄燕却没有把自己这边造到最顶端。这样，就形成了一个右侧上方角落里带孔的圆泥球。原来这个巢就应该这样，右侧的上方是巢的门，不然，燕子怎么才能进自己家的门呢？看来，我错怪了雄燕，它不是真的懒惰。

　　今天，雌燕第一次住进了新家。

　　6月30日

　　巢终于建完了。雌燕便呆在家里，不外出了。可能，它已经产下了第一只蛋。雄燕时不时地给雌燕衔一些小虫子回来，还不停地给它唱歌，它唱呀唱，看起来可真高兴，唧唧喳喳地奖励着雌燕。

那一群燕子又飞来了，那是燕子组委会。它们排着队，向巢里面张望，在巢旁扑着翅膀。可能，它们是在吻幸福的女主人吧！客人们唧唧喳喳地闹了一会儿，就离开了。

大雄猫费达谢奇还是时常爬到屋顶上，向巢里边张望。它是不是也在焦急地等待着小燕子的出生呢？

7月13日

都已经过了两个星期了，雌燕待在巢里几乎没出来过。只是在中午最暖和的时候，它才出来飞一会儿。那时，娇嫩的蛋不会受凉。雌燕在屋顶盘旋一小会儿，捉几只苍蝇吃，然后飞到池塘边，低低地掠过水面，用嘴吸一点儿水喝，喝饱了就又回到巢里。

可今天，雌燕和雄燕开始一起忙碌起来，从巢里飞进飞出的。有一次，我还看见雄燕嘴里衔着一块白色的蛋壳，雌燕嘴里衔着一只小虫。原来，小燕子已经出世了。

7月20日

大事不妙，大雄猫费达谢奇爬到屋顶上了，它从横梁上倒挂下来，用爪子使劲向巢那边伸过去。巢里面的小燕子啾啾地叫着，看起来好可怜哦！

这时候，不知道从哪里飞来了一整群燕子。它们唧唧喳喳地叫喊着，迅速地飞来，几乎就要撞到费达谢奇的鼻子上了。哎哟！老猫的爪子差一点儿就够到一只燕子！呀！它又扑向另外一只燕子了……

天哪！太好了！"扑通"一声，这只灰色的老猫从横梁上摔下去了，它自己恐怕也没料到！虽然没有摔死，但这下可够它受的了。它痛苦地喵喵叫着，用三只脚一瘸一拐地走了。

这是它应有的报应！从此，它再也不敢吓唬燕子一家了。

小燕雀的妈妈

我家有一个绿色的庭院。

我在院子里散步，突然，从脚下飞出了一只小燕雀。它的头上还长着绒毛，它飞的时候时起时落。

我很容易就捉住了它，把它带回家来。父亲建议我把它放在打开的窗户前。

大概一小时后，它的爸爸妈妈就飞来喂它了。

就这样，整整一天它就呆在我的家里。到了夜里的时候，我关上窗户，就把它放在笼子里。

我清早醒来的时候，刚好是五点。我看见小燕雀的妈妈蹲在窗户上，嘴里衔着一只苍蝇。于是，我赶紧跳起来，把窗户打开，躲在房间的角落里偷偷地观察。

很快，小燕雀的妈妈重新出现了，还是蹲在窗户上。小燕雀啾啾地叫起来，我想它是饿了。于是，燕雀妈妈才下定决心飞进屋里，蹦到笼子跟前，隔着笼子喂小燕雀。后来，燕雀妈妈飞走了，去找吃的，我把小燕雀从笼子里拿出来，把它放回到院子里。

等我再去看小燕雀的时候，它已经不见了，想必是被它妈妈带走了吧。

阅读理解

此处的细节描写，写出了小燕雀妈妈的小心谨慎，也显示了小燕雀妈妈对小燕雀的爱。

用枪打蚊子

国立达尔文禁猎禁伐区的办公楼建在一个半岛上。这个岛的周围是雷滨海。这是一个新的特殊的海，这里不久前还是一片森林，海很浅，现在有些地方还能看到树梢。海里的水是淡水，而且很温暖。数以万计的蚊子就在这里繁衍生息。

那些小吸血鬼大群大群地钻进科学家的实验室、厨房和卧室，让他们工作做不好，饭吃不好，觉也睡不安稳。

晚上，所有的房间里都响起了霰(xiàn)弹枪的声音。

出什么事儿了吗？其实，什么事儿都没有，只不过是用枪打蚊子罢了。不过，枪里装的不是子弹，也不是铅弹，而是在带引信的弹壳里装上少量普通打猎用的火药，再满满地装上杀虫粉，

最后堵上一个厚厚的塞子。

　　这样，一开枪，杀虫粉就变成很细微的尘粒，扩散到整个建筑物内，钻到大大小小的缝隙中。这样，所有角落里的蚊子都被消灭了。

对付小偷的好方法

　　据说，如果在露天的有铁丝网的养禽场里，或者是在没有顶盖的笼子上面，交叉着拉一些绳子的话，所有的猫头鹰，甚至雕鸮(xiāo)，在扑向铁丝网或笼子里的家禽之前，都一定会先落在这些绳子上。在猫头鹰的眼里，这些绳子应该是挺硬的。可是只要它一落到这些绳子上，立刻就会栽下去，因为绳子太细了，而且也拉得很松。

猫头鹰栽下来以后，就会头冲下挂在绳子上面，一直到第二天早晨它都会保持这种姿势，不敢扇动翅膀，因为它害怕被摔死。等到天亮的时候，你就可以不慌不忙地把"小偷"从绳子上取下来了。

云做的大象

天空中飘来一片乌云，黑压压的，像一头大象。它时不时地就把它的长鼻子伸向地面，地上立刻扬起一片尘埃，旋转着，旋转着，越来越大。最后，终于和天上的大象鼻子连在一块儿，形成一根旋转的大柱子，上连天，下连地。大象卷着这根大柱子，沿着天边向前急速地奔跑过去。

天上的大象跑到一个小城市上空，突然不动了。突然从大象鼻子里喷出了雨，好大的雨啊！像变魔术一样，倾盆而下！房屋顶上、撑开的雨伞上，都"乒乒乓乓"地响起来。你猜猜，有什么随着雨水下来了呢？是蝌蚪、蛤蟆还有小鱼！它们在街道的草坪上乱蹦乱跳。

后来大家才知道。原来，这块象云被龙卷风带着——从地上连到天上，从一个森林湖泊里吸起了大量的水，连同水里面的蝌蚪、蛤蟆和小鱼都吸了上来，带着它们在天空飞行了好长一段距离后，才在这个小城市把它们放下来，然后，自己又继续向前跑去了。

重建森林

位于季赫温斯基的好几处森林，都被砍光了。现在，那儿的森林正在重建。250公顷的土地上种上了云杉、松树和西伯利亚阔叶松。现在人们正在翻新土壤，好让那些树结的果子落在地上时容易发芽。

阅读理解
运用比喻的修辞手法，把龙卷风比作天上的大象的鼻子。生动、形象。

这里有10公顷的土地种的是西伯利亚阔叶松，它们的苗有粗壮的芽。这种树木的繁殖，可以使列宁格勒省内的森林增加贵重的建筑木材的产量。

在这里还开辟了一个苗木场，培育了很多用于建筑木材用的树木，如针叶树和阔叶树。现在他们正计划着培育许多果树和供给橡胶的灌木——疣(yóu)枝卫矛。

列宁格勒塔斯社

 名家点拨

森林中实在有太多新奇而有趣的事了，有些是我们听说过却没能引起注意的，有些是我们连听都没听说过的奇闻。作者用一种独特的视角，向我们展现了一个神奇的森林王国，以及住在这里的"居民"们的一些生活习性，谁不会被这样一片充满奥妙的森林吸引呢？而且，这些都是夏天才会发生的事哦！在别的季节是见识不到的。会变魔术的花、神秘的夜行大盗、救人的刺猬……其实，这其中的很多事物我们在现实中或者书本上都见识过，可是作者却用一种新颖、独到的方式给我们呈现出一个不一样的大自然。

林中大战（续前）

名家导读 ✳ ❀

　　森林里又开始了残酷的战争，这次战争的双方是以小白杨、小白桦为首的树木和野草，而云杉因为在冬天时幼芽被冻死而没能参与这场战争。这场战争的胜利属于谁呢，让我们赶紧去看看吧！

　　年轻的白桦树跟草族和小白杨的命运一样的悲惨，它们都受到云杉的欺负。

　　如今，云杉已经统治了那块砍伐地，再也没有任何树是它们的敌人了。于是，我们的森林记者去了另外一块砍伐地，那儿以前有人采伐过木头。

　　在那儿，他亲眼看到了森林的统治者——云杉在战争的第二年的情况。

　　云杉是非常顽强的树种。但是，它也有两个弱点。

　　弱点一：它把自己的根扎在土里，虽然扎得面比较广，但是深度不够。

　　弱点二：当云杉还是幼苗的时候，身体没有那么强壮，这时，它们很怕寒冷。

　　寒潮一来，云杉树上的所有幼芽都被冻死了，稍微弱一点儿的小树枝都被寒风吹断了。就这样，在春天到来之前，在那片曾被云杉征服的土地上，连一棵小云杉都没有了。

　　云杉并不是每年都能收获种子，于是，虽然云杉快速地取得了胜利，但是并没有好好地巩固。很长一段时间内，它将不能重新统治这块地了。

　　那些狂热的草族呢？新的春天刚刚来临，它们就从地下爬出来，立刻

又投入新的战争了。

现在，能与它们作战的只有小白杨、小白桦了。

小白杨和小白桦都已经长高了，它们很轻松地从身上抖落下那些细细而有弹力的野草。野草紧密地包围着它们，对它们反而是有好处的。去年的枯草，像一层厚厚的地毯一样盖住地面；它们腐烂后产生热量，让小白杨、小白桦更温暖。而新出生的青草，保护刚刚长出来的树的幼苗，让它们免受早霜的骚扰。

瘦弱的野草阻挡不了小白杨和小白桦的生长速度。它们落后了，可是，刚刚落后一点点，就被小树盖住了。

每一棵小树长到比草高之后，立刻就把自己的树枝展开。虽然小白杨和小白桦都没有云杉那种又浓又密的针叶，可是它们有那种很宽的树叶，照样能挡住阳光。

如果小树长得稀疏的话，草族还可以忍受。可是，小白杨和小白桦在草地上都是一群一群地生长。它们太团结，互相伸出手臂连接在一起，靠得很近。

　　这已经是一个密不透风的帐篷了。草族在地下，成天看不到阳光，很快就活不成了。

　　过了没多久，我们的森林记者发现，战争已经结束了，胜利属于小白杨和小白桦。于是，我们的记者又去了第三块砍伐地。

　　我们的记者在那里又发现了什么情况呢，在下一期《森林报》中我们将详细报道。

 **名家点拨**

　　植物之间也会发生战争吗？它们是兵戎相见吗？当然不是！作者只是用了一种拟人手法，把云杉、小白杨、小白桦和野草比作参与战争的战士，为争夺生存空间而战斗。作者用这样的叙述方式，让我们更容易理解植物之间的关系，也让我们了解了为什么第二块砍伐地，没有了云杉，为什么在白杨和白桦生长的地方没有野草。

 # 祝你钩钩永不落空

名家导读

夏季刚刚开始的这一个月，已经渐渐变热，那些鱼儿都变得很没有精神。那些喜欢钓鱼的人，要怎样才能钓到鱼呢？要钓到鱼，一定要知道哪里的鱼最多，什么样的天气适合钓鱼，怎样提前预知天气，用什么样的鱼饵最好，以怎样的方式钓的鱼最多。下面会对这些问题给以解答。最后，我们还会学到捉小龙虾的技巧哦！

天气和钓鱼

夏天来临，大风和暴雨把鱼赶到了像深坑、草丛和芦苇丛这些安静的地方去了。如果这样热的天气再持续几天，所有的鱼都会变得很没精神，就算是给它们喂鱼食，它们也不想吃了。

天气太炎热了，鱼就会寻找像泉眼那样凉爽的地方。在那儿，泉水向上冒，周围的水就会变得很凉快。在天气炎热的日子，只有早晨和晚上，鱼儿才会上钩，因为那时，热气已经散了。

夏天干旱期，河里和湖里的水位会下降，鱼儿就会躲进深坑。但是坑里的食物很少。所以，你要是想钓鱼的话，就必须找到一个这样的坑，然后用鱼饵钓鱼，这样就可以啦！

麻油饼可以说是最好的鱼饵，把它放在平底锅里煎一下，捣烂之后，将它与煮烂的麦粒、米粒或豆子和在一起，或者撒在荞麦粥、燕麦粥里。这样，鱼饵就会散发出诱人的麻油味。鲫鱼、鲤鱼和许多别的鱼都喜欢这个味道。要每天不间断地喂它们，让它们习惯了，过几天，那些肉食鱼，像鲈鱼、梭鱼、刺鱼、海马什么的，也会跟着它们过来。阵雨或者雷雨会促使水温变低，大大刺激鱼儿的食欲，让它们胃口大开。大雾天气过后，或者天气晴朗的日子，很容易钓到鱼。

根据晴雨计、鱼儿上钩的情况、云彩、夜雾和露水，每个人都能学会预测天气的变化。那些鲜明的紫红色霞光，说明空气里的水蒸气很多，可能就要下雨了。金粉色的霞光则正相反，说明空气很干燥，最近几小时都不可能会下雨。

乘小船去钓鱼

通常，人们钓鱼都是用带鱼漂或不带鱼漂的普通鱼竿钓鱼。当然，也可以利用绞竿钓鱼。除了这些方法以外，还可以乘着小船运动着钓鱼。用这种方法，首先要准备好一根结实的长约50米的长绳，在用手拉的地方接一段钢丝或牛筋，还要预备一条假鱼。把假鱼拴在绳子上，拖在小船后面25～50米的地方。小船上坐两个人，一个人划船，另一个人控制绳子。把假鱼拖在水底或者在水中间走。肉食鱼，像鲈鱼、梭鱼、刺鱼，如果发现头上有一条鱼在游，它们会立刻扑上去吞掉它，绳子就会抖动起来，渔夫就知道有鱼儿上钩了，逐渐拉紧绳子，把鱼儿钓上来。这样钓鱼，总能钓到个头儿很大的鱼。

在湖里钓鱼，最合适的地方是那些悬崖峭壁下的深坑，周围长满了灌木丛抑或堆着被风刮倒的树木，或者是水面宽阔的芦苇丛。在河里钓鱼，得沿着陡岸划船，或者沿着平静的深水区，在水面宽阔的地方划船，或者在石滩、浅滩上面或下面划船。用假鱼钓鱼的时候，小船要划得很慢，特别是在风平浪静的天气里。因为这种天气，就是隔得很远，鱼儿也能听到桨划着水面的声音。

阅读理解
鱼的视力很差，
但耳朵很灵敏。

捉小龙虾

捉小龙虾最好的月份，是5~8月。

要捉小龙虾，就必须先了解它们的生活习性。

小龙虾是由虾子孵化而来的。虾子在雌虾的腹足里（河虾有10只脚，最前面的一对是钳子）和尾巴下方的虾颈区域里，数量可多达100粒。

虾子们在妈妈身上生活了一整个冬天，夏天刚一到来，虾子们就裂开了，一群像小蚂蚁一样的小虾跑出来。虾在哪里过冬？这个问题现在所有人都知道了，不像以前，只有最聪明的人才了解——虾就在河岸和湖岸上的小洞穴里过冬。

阅读理解
运用了设问的修辞手法，交代了虾的过冬地点。

小龙虾在生命中的第一年，要经历8次换壳(这是它的外骨骼)，成年之后，一年一次。脱掉外皮的虾，浑身光溜溜的，只能躲在自己的洞里，直到身上长出新壳之后，才敢出来。因为脱掉外壳的虾，是很多鱼儿喜欢的美味。

小龙虾是夜间出行的动物，白天总是喜欢躲在洞里。但是，如果它发现了猎物，那就连太阳也不怕了，会从洞里跳出来捕捉。于是，你就可以看见水底冒上来的一串串气泡了，这就是虾在呼吸。水里的一切小鱼、小虫都是小龙虾的食物，不过，它最喜欢的还是腐肉。在水底隔得老远，它就能闻到这股味儿了。

捉小龙虾的人通常是用小块的臭肉、死鱼、死蛤蟆什么的做饵食。当它晚上从虾洞里出来，在水底溜达找食的时候，去捉它。

他们把饵食系在虾网上，虾网固定在两个木箍或者铁丝箍上。为了防止小龙虾一进网就把网内的腐肉拖走，箍的直径要设计成30~40厘米。用细绳把虾网系在长竿的一端，捉虾的时候，要把虾网浸到水底。

虾多的地方，很快就会有虾钻进网里而被困住。

还有更复杂一点儿的捉虾方式。不过，最简单、效果最好的方法是：在水浅的地方，趟水找到虾洞，用手捉住虾的背部，直接把虾从洞里拖出来。当然，有时候，虾会夹住你的手指头。可是，这有什么呢？我们并没有向胆小鬼介绍这种方法呀！

如果你随身携带一口小锅，还备了葱、姜和盐，你就可以在岸上煮一锅水，把盐、葱、姜和虾一起放在锅里煮来吃了。

在凉爽的夏夜里，伴随着满天的星星，在小河边或者湖边的篝火旁煮美味的虾吃，是件多么快活的事啊！

名家点拨

本章讲述了关于钓鱼的三方面的内容：一是天气的变化和钓鱼之间的关系，也就是什么时间适合钓鱼；二是用什么方式钓鱼最容易，以及在什么地方能钓到更多的鱼；三是5～8月是捉龙虾最好的时期，要捉龙虾，首先要了解龙虾。这些知识都具有实际操作的参考价值，我们不妨照文中说的试试看，一定能获得大丰收。

 农场趣事

名家导读

夏季到了，农场的老老少少、男男女女都开始忙碌起来。这时候，牧场的草也可以割了，小猪再也不能外出了，亚麻也开花了……不管是植物，还是动物，都争前恐后地生长着，好一幅欢快的景象。让我们去看看农场到底发生了哪些新鲜有趣的新闻吧！

乡村日历

黑麦的个头儿比人都高了，花也已经开了。被称为田公鸡的灰山鹑带着自己的太太在麦田里悠闲地散步，就像在树林里一样。它们的后面跟着一群黄色的小球，原来小山鹑已经从蛋里孵出来了。

人们都在忙着割草。有的地方用镰刀割，有的地方用割草机割。割草机在操场上驶过，挥舞着光秃秃的翅膀，后面一排排的，像直尺一样平躺着芬芳多汁的高高的牧草。

种在菜园垄沟上的葱已经长高了，绿油油的。孩子们正在拔葱呢！

女孩儿们和男孩儿们相邀着去采浆果。这个月夏天早就开始了，在向阳的小山坡上，味道鲜美的草莓已经成熟了。现在正是采草莓的最好时候，森林里的黑梅果已经熟了，覆盆子也快熟了。在长满苔藓的沼泽地里，桑悬钩子从白色变成了红色，又从红色变成了金黄色。你想吃什么浆果，就能采到什么浆果。

孩子们都想去采浆果。可是，家里总是有干不完的活：他们要去挑水，浇整个菜园子，还得去除地垄沟里的草。

牧草的抱怨

牧草常常抱怨说：人们总是欺负它们。

牧草们刚刚准备开花，或是有的已经开花了，白色的羽毛状

阅读理解
牧草是没有意识的，也不能说话，这里运用了拟人的修辞手法。

美绘版

柱头已经从小穗里长出来了，沉甸甸的花粉就挂在纤细的丝线上。突然，跑来一群人，把所有的牧草都割下来，而且是齐根割下。现在牧草们已经不能开花了，只好又辛苦地重新长呀长。

我们的记者仔细地调查了整个事件，终于搞明白了：原来，人们把割下来的草晾干，就得到了牲口一冬所需要的口粮。所以，人们把牧草都割下来这件事，是没有错的！

可怜的小猪

在共青团员的集体农场里，两只小猪崽在散步的时候，被太阳灼伤了后背。被灼伤的地方长出了好多水疱，人们马上请来了兽医。所以，在炎热的日子里，小猪崽是禁止外出的，甚至和猪妈妈一起外出都不行。

女客人失踪了

就在不久前，"小河"农场里两位避暑的女客人，突然神秘失踪了。人们找了很久，最后才在离农场3千米远的干草垛边找到了她们。

原来，这两位女客人迷路了。她们讲述了当天的情况。早晨的时候，她们去河边洗澡，看见淡蓝色的亚麻田里有一条路。午后，她们准备回家时，却怎么也找不到那块淡蓝色的田地了。她们就这样走丢了。

女客人不清楚，亚麻会在清晨的时候开花，而到了白天，花朵就谢了，亚麻田就会从淡蓝色变成绿色。

小羊羔开始独立生活

绵羊妈妈们很着急，因为很快就有人要把它们的羊宝宝接走了。当然，总不能让已经三四个月大的小羊还跟在妈妈后边转呀！应该教它们独立地生活。现在的小羊已经能够独立地吃草了。

浆果准备上路了

浆果熟了。有树莓（马林果）、醋栗、茶藨(biāo)子。它们都该准备从农场或国营农场运到城里去了。

醋栗不怕走更远的路，它说："带我走吧！我支撑得住，越早上路越好。我现在还没熟透，还是硬的呢。"

茶藨子说："包装得好一点儿，我就能到达目的地。"

可是树莓有点儿泄气了，它说："最好还是不要动我了，还是把我留在这儿吧！我不喜欢坐车，都快怕死了。生活中最不幸的事，就是颠簸。颠啊颠，就把我颠成一锅粥了。"

少年自然科学家讲的故事

我们的村庄就坐落在一片小橡树林旁边。这里很少有杜鹃飞来，就算有，也只有一两次，叫了几声之后，就离开了！今年夏天，我却常常听见杜鹃的叫声。这会儿，人们把一大群牲口赶到树林里。午饭的时候，牧童跑了回来，惊慌地大叫："牛疯了，牛疯了！"

我们大家赶紧跑到树林里，天哪！好家伙！那儿的情形糟透了，太可怕了！母牛到处乱跑，用尾巴使劲抽打自己的背，疯了似的向树上撞——再撞一会儿，估计会把脑袋撞碎了！或者，它们想把我们踩死呢！

还是赶紧把牛赶到别的地方去。这到底是怎么回事儿呢！

原来都是毛毛虫惹的祸。这种褐色的家伙，浑身毛茸茸的，像小野兽一样，爬满了整棵橡树，把树枝啃得光秃秃的，树叶都被它们吃光了。它们身上的毛被风一吹，就脱落下来，迷了牛的眼睛。牛痛得发疯，就出现了刚才那么可怕的场面。

杜鹃来了，杜鹃来了！这辈子，我从来没有看到过这么多杜

阅读理解

醋栗是一种抗寒的小浆果，果实近圆形或椭圆形，成熟时果皮呈黄绿色，光亮透明，很像灯笼果，故又名灯笼果。

鹃！除了它们之外，金色带黑条纹的美丽的黄鹂和翅膀上有淡蓝色条纹的樱桃红色的松鸦也来了，它们从四面八方聚集到小橡树林来了。

后来发生了什么事，你可以想象一下！当然是橡树都挺过来了：不到一周的时间，所有的毛毛虫都被消灭了。鸟儿太棒了！要不是它们，我们这片小橡树林可就完了！那简直太可怕了。

名家点拨

和森林一样，农场也发生了很多有趣的事。这些都是再寻常不过的事，农场每年的这个时候都会发生，而作者却用新闻稿的形式向我们呈现了寻常事中那些引人深思的奥秘。

狩 猎

名家导读

　　夏天到了，敌人来啦！人类的敌人实在是太多了，而且这些敌人很难对付，它们破坏庄稼，毁掉蔬菜，有些还吸人类的血。让我们赶紧去看看，人类都用了什么好方法来对付这些可恶的敌人。

难对付的敌人

　　夏天打猎，既不猎鸟，也不猎兽，甚至都不能叫做"打猎"，可能叫做"战争"还合适一些。夏天，人类的敌人实在是太多了。比方说，如果你弄了一块菜园，你需要种上蔬菜，再给它浇点儿水。可是，你能保证这些蔬菜不被敌人伤害吗？

　　现在，人们已经很少把稻草人插在竹竿上立在菜园里了。稻草人能够帮助人赶走麻雀和其他一些鸟儿，可是，效果并不是很好。

　　菜园里有这样一些敌人，它们不仅不怕稻草人，就是真人带着枪来了，它们也一点儿都不害怕。人们的木棒打不着它们，开枪也射不到它们。

　　对待它们只能用点儿新的花招，而且还要时刻擦亮眼睛。它们的个头儿虽然小，可是非常难对付。

会跳的敌人

　　一种黑色的小甲虫出现在蔬菜上，它的脊背上长着两道白条纹。它们像跳蚤一样在蔬菜的菜叶上蹦呀蹦的，这下蔬菜可就遭殃了。

菜园里的这种会跳的敌人很可怕。用不了两三天的时间，它们就能把几公顷大的菜园子给毁掉。它们吃还没长好的青菜叶子，把叶子咬得全是小窟窿。于是，菜园就这样被毁了！萝卜、芜菁、冬油菜和甘蓝最怕这种名叫跳蚰的敌人。

同跳蚰作战，首先要准备一根系有小旗子的长矛，除了旗子的下边界（约7厘米宽），其余地方都需要涂上一层厚厚的胶水。

去菜园里的时候，就要拿着这种武器，在垄沟之间往返走，挥动手中的小旗子，只让没涂胶水的边儿碰到蔬菜就可以了。

这样，只要跳蚰向上一蹦，就被粘住了。这时，你也不要以为自己就是胜利者了。菜园还是会继续遭到敌人大批生力军的进攻。

应该一大早儿就起来，那时候草上还有露水呢！用一面小筛子，把炉灰、烟灰或熟石灰撒在菜上。在科学高速发展的今天，人们已经开始利用一些现代化的药剂了。

这些东西能够有效地除去害虫，但对菜园来说却没有危害。

不寻常的事

我们这里发生了一件很不寻常的事。一个牧童从森林空地那边跑了回来，大声喊叫着："野兽把小牛给咬死啦！"

挤奶女工们一下子便哭了起来。这头小牛是我们这儿最好的小牛，它还在展览会上得过奖章呢。大家把手边的活儿一扔，立刻就往森林空地跑。在牧场的角落里，小牛的尸体平躺着。它的乳房被咬掉了，脖子后边也给咬破了，其余地方倒没有什么伤口。

"肯定是熊干的。"猎人谢尔盖说，"熊总是等肉变臭了再过来吃，所以咬死后就先扔掉。"

"毫无疑问，一定是这样的！"猎人安德烈点着头说。

"大伙儿散了吧！"谢尔盖说，"我们在这棵树上搭一个棚子，熊要是今天晚上不来，明天夜里肯定会出现的。"

这时，人们想到了我们的第三个猎人——塞索伊奇。他的个子很矮，人们不会一下子在人群里看见他。

"和我们在这儿守着，行吗？"谢尔盖和安德烈问他。

塞索伊奇不说话，转身走到另一边，仔仔细细地观察地面。

"不是这样的，"他说，"熊不会来这里。"

谢尔盖和安德烈耸了耸肩膀。

"随便你怎么说吧！"

职工们走了，塞索伊奇也走了。

谢尔盖和安德烈两人砍了一些木条，在附近的松树上搭了一个棚子。

过了一会儿，塞索伊奇又返回来了。这次，他带着手枪，还有自己的小猎狗——小霞。

　　他又在死小牛的四周来来回回地看，不知道为什么，就连周围的那些树他也仔细察看了。

　　之后，他就出发去森林了。

　　当天晚上，谢尔盖和安德烈一直躲在棚子里守候着。

　　一晚上过去了，野兽没有出现。

　　第二晚也过去了，野兽还是没有出现。

　　第三晚……一样的结果！

　　两个人等得没有耐性了，就商量着说："可能塞索伊奇注意到了一些细节的东西，而我们没注意到。你看，他说对了——熊真的没有来呀！"

　　"我们去问他吧！"

　　"问那只熊吗？"

　　"什么话？干吗问熊呀？问塞索伊奇。"

　　"没办法，只好去找他了。"

　　于是，他们就去找塞索伊奇，看到塞索伊奇刚刚从森林里出来。

　　一个大袋子放在角落里，塞索伊奇正在擦枪呢！

　　"是这样，"谢尔盖和安德烈说，"你真说对了，熊确实没来。到底是什么原因呢？告诉我们吧！"

　　"你们听说过这样奇怪的事吗？熊把小牛咬死，却只啃乳房，而把牛肉扔下不要吗？"塞索伊奇反问道。

　　两个猎人你看看我，我看看你。熊的确不会干这事。

　　"你们看到地上的脚印了吗？"塞索伊奇继续问。

　　"看倒是看到了。脚印很宽，有25厘米。"

　　"脚爪印大吗？"

　　两个猎人一下子窘住了。

　　"脚爪印倒是没有看到。"

　　"是啊！要是熊脚印，一眼就可以看到。现在倒要请教你们，什么野

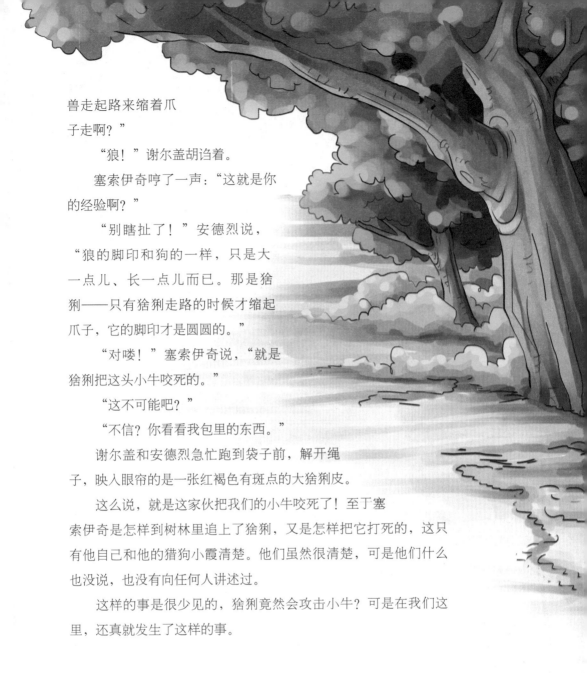

兽走起路来缩着爪
子走啊？"

"狼！"谢尔盖胡诌着。

塞索伊奇哼了一声："这就是你
的经验啊？"

"别瞎扯了！"安德烈说，
"狼的脚印和狗的一样，只是大
一点儿、长一点儿而已。那是猞
猁——只有猞猁走路的时候才缩起
爪子，它的脚印才是圆圆的。"

"对喽！"塞索伊奇说，"就是
猞猁把这头小牛咬死的。"

"这不可能吧？"

"不信？你看看我包里的东西。"

谢尔盖和安德烈急忙跑到袋子前，解开绳
子，映入眼帘的是一张红褐色有斑点的大猞猁皮。

这么说，就是这家伙把我们的小牛咬死了！至于塞
索伊奇是怎样到树林里追上了猞猁，又是怎样把它打死的，这只
有他自己和他的猎狗小霞清楚。他们虽然很清楚，可是他们什么
也没说，也没有向任何人讲述过。

这样的事是很少见的，猞猁竟然会攻击小牛？可是在我们这
里，还真就发生了这样的事。

名家点拨

　　作者把人类与那些害虫之间的较量看成一场狩猎。它和真正意义上的狩猎不一样，它既不是猎鸟，也不是猎兽，而是人类想尽各种办法来对付那些破坏他们的劳动成果的害虫。

东南西北无线电通报

名家导读

在夏天，每一个地方有每一个地方的气候，各具特色。接下来，让我们关注从地球上各个地方发回来的报道，听一听它们那都有哪些变化。

注意！注意！

这里是列宁格勒《森林报》编辑部。

今天，6月22日，是夏至日，是一年里白天最长的一天，就在今天，我们要进行一次无线电通报。

呼叫：苔原（冻原）、沙漠、森林、草原、海洋、山川！都请注意！

现在正值盛夏，白昼最长，黑夜最短。请大家谈谈你们那里的情况是怎样的？

这里是北冰洋群岛

你们说的黑夜是什么样的？什么是黑夜，什么是黑暗，我们已经不记得了。

我们这里的白天是最长的，它整整持续了24个小时。太阳永远都挂在天上，绝对不往海里落，只是一会儿升，一会儿降。就这样，已经持续将近3个月了。

我们这里的阳光永远都是那么的闪耀，就像神话里讲的那样，地上的草不是按天生长，而是按小时生长的。花儿越开越多。沼泽里长满了苔藓，甚至光秃秃的石头都被五颜六色的植物给覆盖住了。

苔原苏醒了。

是的，我们这里没有美丽的蝴蝶和蜻蜓，没有伶俐的蜥蜴，也没有青蛙和蛇，更没有那些需要冬眠的大大小小的野兽。我们这里的土地永远被寒冰封锁着，就是在夏天最热的日子里，也只有大地表面才开冻。

苔原上空的蚊子成群结队，嗡嗡地飞着，看起来就像是一片乌云。可是，我们这里没有行动灵活的蝙蝠。这些著名的捉蚊专家住不惯这里，就算是它们飞来这里，也只能在晚上或者夜里出去追捕蚊子！可我们这里，这个夏天都没有黑夜，它们怎么捉蚊子呀？

在我们这里的岛屿上，野兽的种类很少。只有旅鼠、白兔、北极狐、驯鹿。偶尔会从海里游来几只大白熊，在苔原上摇摇晃晃地走过来，找点儿食物吃。

不过，我们这里也有鸟儿，而且数量很多呢！虽然积雪还停留在所有背阴的地方，但是，已经有大批的鸟飞过来了。有角百灵、北鹬

（miáo）、雪鹀、鹡鸰等鸣禽，有鸥鸟、潜鸟、鹬、野鸭、雁、管鼻鹱（hù）、海鸟、模样滑稽的花魁鸟，还有许许多多你听都没听说过的稀奇古怪的鸟儿。

叫声、喧闹声、歌声响成一片。整个苔原，甚至光秃秃的石头上，都被鸟巢占据了。有些岩石上，成千上万的鸟巢一排连着一排，甚至连那种只能放下一个蛋的石头都被占据了。真热闹啊，就像一个鸟集市！如果有猛禽想试着接近这个地方，那么立刻就会有一大群鸟儿向它扑去，像乌云一样，叫声惊天动地，鸟嘴像雨点一样啄向敌人——它们是不会让自己的孩子受一点儿委屈的。

你瞧！在我们苔原上多快乐啊！

这里是中亚沙漠

我们这里正好相反，现在什么都在熟睡中呢！

我们这儿的阳光太强烈了，把草木都烤干了，我已经记不清，最后一场雨是什么时候下的了。让我感到奇怪的是，为什么并不是所有的草木都被晒干了呢？

带刺的骆驼草几乎都长到半米高了——它将自己的根伸到火热的土地深处去，有五六米那么深，它们从那儿汲取地下水。

其他灌木丛和野草长满了绿色的细毛，却不长叶子，这样，它们的水分就可以少流失一点儿了。我们这儿的树木个头儿不高，一片叶子都没有，只有绿色的细树枝。

开始刮风了，干燥的乌云升到沙漠的上方，遮住了太阳。突然间，响起了一阵可怕的喧嚣声，哗啦哗啦的，好像有成千上万条蛇在叫。

但这并不是蛇，而是无叶的树林中的细树枝，被大风一刮，发出的响声。

蛇还在睡觉呢，草原蚺（rán）蛇也深深地钻到沙子底下去睡觉了，金花鼠和跳鼠最怕这种蛇了。

还有一些小野兽也在睡觉。腿细长的金花鼠，整天都处在睡眠中。它用一个土疙瘩把洞口堵起来，不让太阳照进去，只在早晨的时候才出来找点儿东西吃。可是还没有晒干的小植物是多么难找呀！黄色的金花鼠干脆就钻到地底下去了，它要睡多久呢？一个夏天、一个秋天加上一个冬天，一直要睡到第二年春天。它一年只有3个月在外头，其余时间都在睡觉。

蜘蛛、蝎子、蜈蚣、蚂蚁也都在躲避毒热的太阳。有的躲在石头底下，有的躲在背阴的土里，只有在夜里才出来活动。在这里你既看不到行动敏捷的蜥蜴，也看不到爬得很慢的乌龟。

野兽都搬到靠水源更近一些的沙漠的边缘去住了。鸟儿早就孵出了宝宝，带着它们一起飞走了。留在这里的只有飞行速度很快的山鹑：它们飞个百八十公里，一点儿问题都没有。它们经常飞到离这儿最近的河边，自己先喝个够，再装满整整一嗉囊，急急忙忙地飞回来喂自己的小宝贝们。但是，等雏鸟学会飞之后，它们也会带着孩子离开这个可怕的地方。

沙漠的夏天一点也不像苔原的夏天。有太阳的时候，所有的生物都进入了梦乡。夜是漆黑一片，只有在黑夜里，那些受尽太阳折磨的小生命，才会出来透口气。

这里是乌苏里原始森林

我们这儿的森林有些特别：既不像西伯利亚的原始森林，也和热带雨林不同。这里有松树、有落叶松、有云杉，这里还有带刺的葎草和野生的葡萄树。

我们这里有很多野兽：驯鹿、印度羚羊、普通棕熊和西藏黑

阅读理解

脊椎动物鸟类食管的后段暂时贮存食物的膨大部分，称为嗉(sù)囊。食物在嗉囊里经过润湿和软化，再被送入前胃和砂囊，有利于消化。

熊、黑兔、猞猁、虎、豹、棕狼和灰狼等。

我们这里还有很多鸟类：谦逊的灰松鸦、漂亮的野雉、灰雁、野鸭，以及各种各样奇异的鸳鸯。

白天，原始森林里闷闷的、暗暗的。宽大的树顶形成一个绿色的大帐篷，太阳光照不进来。

我们这儿白天和黑夜一样阴暗。

现在，所有的鸟儿都已经下了蛋，或是孵出小鸟来了。各种野兽的孩子都长大了，正在学习如何猎取食物呢！

这里是阿尔泰山脉

在盆地的深处，又潮湿，又闷热。清晨，在夏天的炎炎烈日下，露水很快就蒸发掉了。到了晚上，草场的上空飘散着浓浓的雾。水蒸气升到了半空中，让整个山坡都变得很湿润，水蒸气冷却后形成了白云，飘浮在山顶上。你看，天亮前，山顶上总是云雾弥漫。

到了白天，艳阳高照，水蒸气变成了雨水，从浓云中洒落下来。

山顶上的积雪在不断地融化。只有那些最高的峰顶上，还拥有终年不化的积雪和寒冰，以及大片的冰原和冰河。在这些地方，天气非常的寒冷，甚至就连中午的烈日都不能融化那里的冰雪。

在常年积雪的最高地，无论是野兽还是小鸟都无法生存。偶尔飞到那里的只有强悍的雕和兀鹰，它们用锐利的眼睛向下张望，寻找可能偶然存在的小动物。可是低一点儿的地方，就像高楼大厦一样，住满了各种各样的居民。不同的高度住着不同的居民，它们各自占领一层。

最高层满是光秃秃的岩石，有很多雄野山羊住在那里。往下一层是雌野山羊、小野山羊，以及和雌火鸡一样大的山鹑。在肥

沃的高山草场上，一群长着直直的犄角的山绵羊，它们叫羱羊，正在那儿吃着草。雪豹为了猎取食物，也跟着它们去了。在这里既是旱獭的聚居地，又是鸣禽的家。再往下一层就到了原始森林了，里面有松鸡、雷鸟、鹿、熊等。

在从前，只有在盆地里才会种麦子。如今，我们的耕地越来越向更高的山上扩展了，那里耕地已经不再用马了，而是用长着长毛的牦牛。我们辛勤地劳作着，是为了要在我们的土地上获得大丰收。请相信，我们的目的一定会达到！

这里是海洋

我们这里三面环海：大西洋在西边，北冰洋在北边，太平洋在东边。

我们坐船从列宁格勒出发，穿过了芬兰湾，再横渡波罗的海，来到了大西洋。在大西洋上，我们经常会遇到很多外国的船只。有英国船、丹麦船、瑞典船、挪威船，其中有些是商船、游船，还有一些是渔船。在这里可以捕捞到鲱鱼和鳖鱼。

离开大西洋，我们来到北冰洋，沿着欧亚两洲的海岸，有一条特别的北方航线。这是我们的海域，是我们勇敢的俄罗斯航海家开辟的道路。从前，人们以为这条路是无法打通的，到处都有厚厚的冰层覆盖，随时都有死亡的危险。可是如今，我们的船长指挥着船队，用力大无比的破冰船在这里打开了一条通道，顺利地航行着。

这一路荒无人烟，即便如此，我们还是在这里发现了许多奇迹。一开始，我们经过了大西洋赤道暖流。在那里，我们碰到了漂浮着的冰山，在阳光的照耀下，它们显得那么刺眼。就在那儿，我们捉到了许多鲨鱼和海星。然后，这股暖流转向了北方的极地。在那里，我们能够看到更巨大的冰原，沿着水面慢慢漂流着，一会儿裂开，一会儿又合上。我们的飞机在空中侦察，与船只保持联系，告诉他们怎样行驶才能畅通无阻。

在北冰洋的岛屿上，我们看见了千千万万的大雁，它们是那么的无助，翅膀上的硬羽都已经脱落了，再也飞不起来了。从前，贪得无厌的人类把它们围起来，直接就能把它们赶到网里面去。在这里，我们还看见了长着两颗大牙的海象，它们从水里爬出来，趴在冰块上休息。我们还遇到了各种各样的海豹。除此之外，我们还看到了一种大海兔，能够突然把头上的大皮囊吹起，就像戴了一顶钢盔似的！我们还看见许多恐怖的逆戟鲸，它们长着可怕的大牙，追逐着鲸鱼和它们的孩子。

不过，有关鲸鱼的故事，我们还是等到了太平洋再聊吧！那儿的鲸鱼更多一些。

我们的夏季无线电播报，到这里就要和您说再见了。

9月22日将进行下次广播，敬请收听。

 名家点拨

这一章，作者又想出了新招，用无线电波的方式向我们介绍，同一个月不同地方的景色。而且，作者还用了拟人的手法来表述。作者把山川、海洋想象成会发电报的、有思想的人，用它们自己的口吻来向我们介绍自己，来让我们了解这个神奇的地球，让我们更全面、更深刻地吸收这些信息。

打靶场

射箭要射中靶子！　　　　答案要对准题目！

第4次竞赛

1. 对照日历，夏季从哪天开始？这一天有什么特点？

2. 金腰燕和家燕做的巢有什么区别？

3. 雄萤火虫有翅膀吗？

4. 哪种鸟儿把鱼刺铺在巢里当垫子？

5. 为什么燕雀、金翅雀、篱莺在树枝间做的巢，不容易被人发现？

6. 是不是所有的鸟儿在夏季只孵一次小鸟？

7. 在列宁格勒有没有捕食生物的植物？

8. 谁在水底用空气给自己造房子？

9. 谁的孩子还没出世，就交给别人去抚养了？

10. 一只老鹰，个儿真不小，飞得高，飞得远，张开翅膀，把太阳遮住？（谜语）

11. 串串珠宝，挂在树梢，没有它，我们的肚子就咕咕叫。（谜语）

12. 一缩一蹦跳下水。（谜语）

13. 推也推不开，抬也抬不起，时间一到，立刻就跑。（谜语）

14. 只看见除草，却不编草鞋。（谜语）

15. 从来不缝缝补补，却老是把针带在身上。（谜语）

公告

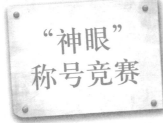

"神眼"称号竞赛　第3次测验

住在这儿的是谁？

1.花园里有两个树洞，两个树洞里都可以听到鸟儿的叫声。辨认一下，每个树洞里住的都是什么鸟儿？

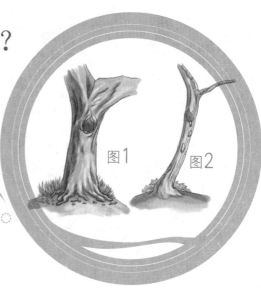

图1　图2

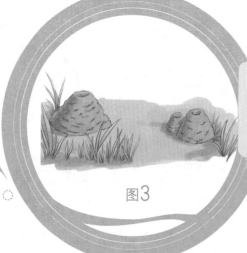

图3

2.谁在这里的地下生活，我们的眼睛却看不见？

3.住在这些洞穴里的是什么动物?

图4

4.两个洞很相似,里面住的是什么
动物? 哪种动物住哪个洞?

图5

图6

爱护我们的朋友

在我们这里，经常有小孩子掏鸟巢。他们没有任何理由地做着这件事，全都是因为淘气。他们从来没有想过，这样做会给自己和国家带来多大的损失。科学家们曾计算过，在整个夏天里，每一只鸟儿，甚至是一只很小的鸟儿，都会为我们的农业和畜牧业带来巨大的利益。如果，每个巢里有4～24个鸟蛋，你们自己可以算一算，捣毁一只鸟巢，会给国家带来多大的损失？

我们大家应自觉组成一支鸟巢护卫队，阻止任何人捣毁鸟巢。猫喜欢吃鸟儿，而且它还捣毁鸟巢，我们不要让猫跑到灌木丛或者森林里去，只要一看到它，就立即把它撵出去。我们还向所有人介绍，为什么要爱护鸟类，告诉他们鸟儿是怎样出色地保护我们的森林、田野和果园的；让他们知道鸟儿是如何挽救我们的庄稼，使庄稼不受那些数不清的害虫的侵害。

森林报·夏

小鸟出世月

7月21日到8月20日 太阳走进狮子宫

（夏季第2月）

No.5

一年：12个月的太阳诗篇——7月

森林里的孩子们

森林中的大事

林中大战（续前）

农场趣事

鸟的家园

狩 猎

打靶场

公 告

一年：
12个月的太阳诗篇
—— 7月

　　7月到了，这时已是盛夏，它不知疲倦，什么都要插上一手。它交代稞麦要鞠躬，而且要深深地鞠到地上；命令燕麦穿上漂亮的长衫，而荞麦连一件衬衣也不让穿。

　　那些绿色植物通过吸收阳光让自己成长。稞麦和小麦现在已经是一片金色的海洋了，我们只要把它们储藏起来，足够吃一年呢。青草已经割倒了，堆成一座座干草垛，这是我们给牲畜储藏的口粮。

　　鸟儿突然都沉默了，因为它们现在很忙碌，没时间唱歌了，所有的鸟巢中都有鸟宝宝了。鸟宝宝刚出生时，还没有长毛，浑身光溜溜的，眼睛都没有睁开，需要父母长时间地在身边照顾。现在，地上、水里、森林里甚至是在空中，小鸟到处都可以找到充足的食物，够大家吃的。

　　森林里到处都是美味多汁的浆果，如草莓、黑莓、大覆盆子、洋莓和甜樱桃等，北方还有金黄色的桑悬钩子，南方有樱桃、洋莓。操场脱掉金黄色的连衣裙，换上了绣着野菊花的花衣裳，雪白的花瓣可以反射太阳的热光。在这时候，你可不能和生命的创造者——太阳神开玩笑，它的爱抚会把你烤焦的。

森林里的孩子们

名家导读

　　7月，森林里的动物们都有了自己的孩子，它们有的只有一个孩子，有的却有成百上千个孩子。有的，一生下孩子，便任由它们自生自灭；有的，却对自己的孩子疼爱有加，用自己的生命保护它们。而鸟儿们的世界更精彩，它们生下的孩子是怎样的呢？这些雏鸟又会有怎样的命运呢？鸟儿中有哪些稀奇古怪的事呢？一起去看看吧！

谁的孩子最多

　　那只年轻的雌麋鹿，就生活在城外茂密的森林里。它今年只生下一只小麋鹿。

　　白尾巴雕也住在这片森林里，它的巢里有两只小雕。

　　黄雀、燕雀、鸲鸟各孵出5只小鸟宝宝。

　　啄木鸟今年孵出了8只雏鸟。

　　长尾巴云雀也孵出了12只雏鸟。

　　灰山鹑孵出了20只雏鸟。

　　而在棘鱼的巢里，每一粒鱼子就能长成一条小棘鱼，一共孵出了100多条呢。

　　鳊鱼可以产几十万条小鱼。还有鳖鱼，它的孩子数都数不清，大概有几百万条吧！

阅读理解

麋鹿，因为它头脸像马、角像鹿、颈像骆驼、尾像驴，因此又称"四不像"，原产于中国长江中下游沼泽地带。麋鹿是中国特有的动物，也是世界珍稀动物。

被抛弃的孩子

鳊鱼和鳖鱼产出鱼子后，就游走了，对它们不管不顾了。这些鱼子是怎么孵化出来的呢？它们怎么长大，怎么生活，怎么找东西吃呢？这些，都得靠它们自己。不过这是可以理解的！如果你有几十万个孩子，你也只能这么做，反正也照顾不过来。

一只有1000多个孩子的青蛙，也不会管它的孩子。

当然，这些被抛弃的孩子，生活得很艰难。水下面有许许多多贪吃的家伙，它们最爱的食物就是味道鲜美的鱼子和青蛙卵，甚至连小鱼和小蝌蚪它们也喜欢吃。

在小鱼长成大鱼、小蝌蚪长成大青蛙之前，它们将遭遇很多的危险！它们中很多都被吃掉了！真是一想起来就觉得害怕。

疼爱孩子的父母

麋鹿妈妈和所有小鸟的妈妈一样，很疼爱自己的孩子。

麋鹿妈妈为了自己的独子——小麋鹿，随时都可以放弃自己的生命。就算是大黑熊来袭击小麋鹿，麋鹿妈妈也绝对会前后脚一起乱踢，以此来保护小麋鹿。这一顿蹄子真够大黑熊受的，下次再也不敢往小麋鹿身边凑了。

有一次，我们的记者去田野，遇到了一只小山鹑。它从记者脚底下跳出来，蹿到草丛里躲了起来。

记者马上捉住了这只小山鹑，它立刻大声叫起来。山鹑妈妈听到了小山鹑的求救，不知道从哪儿钻了出来。看到自己的孩子被人捉住了，它就咕咕地大声叫起来，向记者扑过来，但一下子又摔到了地上，耷拉着翅膀。

记者以为它肯定受伤了，于是就松开小山鹑，去捉大山鹑。

山鹑妈妈在地上一瘸一拐地走着，好像只要一伸手就能捉到它，但等记者靠近，它就会往旁边一闪，躲了过去。记者就这么追呀，追呀，山鹬妈妈突然抖了抖翅膀，从地上飞起来，竟然一点儿事也没有，就这样飞走了。

我们的记者又回过头来找那只小山鹬，结果小山鹬也不知道去哪儿了。原来是山鹬妈妈施了计策，故意装作受伤，把记者引开，好救出自己的孩子啊！山鹬对自己的每个孩子都是那么的爱护，因为相对而言，它的孩子比较少，只有20多只。

忙碌的鸟儿

天刚一亮，鸟儿就飞了出去。

椋鸟每天要工作17小时，家燕每天要工作18小时，雨燕每天要工作19小时，朗鹟（wēng）每天工作20小时以上。

我算了一下，它们每天不工作这么长时间是不行的。

为了养活自己的孩子，雨燕每天至少要飞回巢里30次～35次，才能将小雨燕喂饱。而椋鸟要飞200次，家燕要飞300次，朗鹟要飞450次。

整个夏天里，鸟儿们都在忙着消灭那些对森林有害的昆虫和害虫，至于究竟消灭了多少，数也数不清。

它们忙得连翅膀都合不上，每天都在不停地工作着。

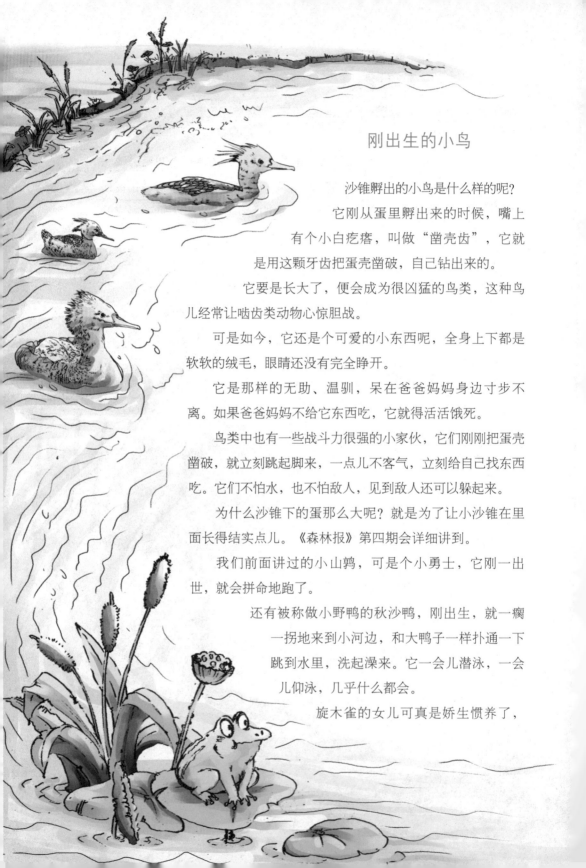

刚出生的小鸟

沙锥孵出的小鸟是什么样的呢？

它刚从蛋里孵出来的时候，嘴上有个小白疙瘩，叫做"凿壳齿"，它就是用这颗牙齿把蛋壳凿破，自己钻出来的。

它要是长大了，便会成为很凶猛的鸟类，这种鸟儿经常让啮齿类动物心惊胆战。

可是如今，它还是个可爱的小东西呢，全身上下都是软软的绒毛，眼睛还没有完全睁开。

它是那样的无助、温驯，呆在爸爸妈妈身边寸步不离。如果爸爸妈妈不给它东西吃，它就得活活饿死。

鸟类中也有一些战斗力很强的小家伙，它们刚刚把蛋壳凿破，就立刻跳起脚来，一点儿不客气，立刻给自己找东西吃。它们不怕水，也不怕敌人，见到敌人还可以躲起来。

为什么沙锥下的蛋那么大呢？就是为了让小沙锥在里面长得结实点儿。《森林报》第四期会详细讲到。

我们前面讲过的小山鹬，可是个小勇士，它刚一出世，就会拼命地跑了。

还有被称做小野鸭的秋沙鸭，刚出生，就一瘸一拐地来到小河边，和大鸭子一样扑通一下跳到水里，洗起澡来。它一会儿潜泳，一会儿仰泳，几乎什么都会。

旋木雀的女儿可真是娇生惯养了，

它要在巢里呆上整整两周才能飞出来，在树上蹲会儿。

你看它气鼓鼓的样子，一脸的不乐意，原来妈妈半天没飞回来喂它食物了。

它已经三周大了，可还是一直啾啾地叫着，要妈妈把青虫和好吃的东西都塞到它嘴里才行。

岛上的"殖民地"

小沙鸥住在一个小岛的沙滩上，那儿有许许多多的"别墅"。

每到晚上，小沙鸥都睡在沙坑里，每个沙坑里睡三只。沙滩上都是这种小坑，这里简直是沙鸥的"殖民地"。

白天，小沙鸥开始学习飞翔、游泳，在爸爸妈妈的带领下捉小鱼儿。

老沙鸥一面教它们，一面还要保护它们。

当有敌人来袭时，所有的沙鸥就成群结队地飞起来，大声叫着、嚷着，冲过去。这阵势，谁见了都会害怕呀！

甚至连巨大的白雕看到这种情况，也会立刻逃之夭夭。

雌雄颠倒

编辑部收到了全国各地的来信，这些信中说，就在这个月，在莫斯科附近，在阿尔泰山上，在卡马河畔，在波罗的海上，在亚库提，在卡赫斯坦，都见到了一种奇怪的鸟儿。

这种鸟长得很可爱，也非常漂亮，就像卖给城市里年轻人的那种色彩绚烂的浮标。它们非常信任人，就算你走到它们跟前5步远，它们还是在你面前的水边继续游来游去，好像一点儿都不害怕。

如今，所有的鸟儿都在巢里孵蛋，喂养小鸟，只有这种鸟儿一队队、一群群地在全国各地旅行。

更让人惊奇的是，这些五颜六色的小鸟全都是雌的。一般情况下，色彩漂亮的鸟都是雄的，而这种鸟恰恰相反：雄鸟的颜色又灰又暗，雌鸟却色彩斑斓。

还有比这更奇怪的：这些雌鸟妈妈一点儿都不关心自己的孩子。在遥远的北方苔原地带，雌鸟把蛋放到坑里之后，立刻就飞走了！而雄鸟则留在那里孵蛋，喂养宝贝，保护孩子。

这根本就是雌雄颠倒！这种鸟儿就是红颈瓣蹼鹬。

它们今天飞到这儿，明天飞到那儿，到处都可以看到它们的身影。

 名家点拨

此章与第一部分中的第一章——动物们开始建房子——相呼应，房子建好了，动物们迎来了自己的小宝宝。大自然是很奇妙的，不同的动物，生的孩子的数量不一样，对待孩子的方式也不一样。作者用几个简单的实例，向我们呈现了一个千姿百态的动物世界。让我们了解到那些幼小的生命是如何在充满危险的大自然中生存下来的，还让我们见识了一些另类的动物是如何哺育孩子的。

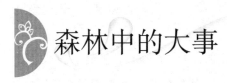

森林中的大事

名家导读

　　这个月，森林中又有哪些大事发生呢？我们的记者已经再一次来到了森林里，让我们赶紧跟随他去瞧瞧吧！看，那鹡鸰窝里的丑八怪正在谋杀小鹡鸰，它到底是谁遗弃的孩子；河边有四只熊在冲凉呢；一只猫正在给小白兔喂奶；还有，窝琴鸡是怎么躲过可怕的敌人的……真是有太多的事要我们去了解了。

原来不是自己的孩子

　　瘦小的鹡鸰一下子在巢里孵出了6只光滑的雏鸟。5只雏鸟都有雏鸟的样子，只有第6只却是个畸形的丑八怪：浑身上下长满了粗皮，青筋暴露，还有一个大大的脑袋，两只凸眼睛像被一层膜遮住一样，还没睁开。如果它要是张开嘴，那简直能把你吓死：那张嘴巴简直是一个无底洞！

　　第一天，它安静地躺在巢里。只有在鹡鸰妈妈飞回来喂孩子的时候，它才费力地抬起胖胖沉沉的大脑袋，张开大嘴，低声啾啾着说："喂我！"

　　第二天早晨，天气特别冷，鹡鸰爸爸和鹡鸰妈妈都飞出去找食物了，它就开始一点点地骨碌着挪动起来。它低下头，在巢里的地板上站稳，分开两只脚，开始往后退。

　　它的屁股已经撞到了其他小鸟兄弟，然后，它开始蹲下来，把屁股往小鸟的身子底下塞，又用光秃秃的翅膀夹着自己的小兄弟，像一把钳子一样，夹得紧紧的，把小兄弟扛在肩膀上，一个劲儿地往后退，一直退到巢的边缘。

这个小兄弟个头儿又小又弱，眼睛都还没有睁开，就躺在丑八怪背后的两只翅膀里，来回地晃荡着，被它不停地折腾，就像是躺在勺子里一样。而丑八怪呢，用脑袋和两脚撑住了身体，把小兄弟一点点地往上抬，越抬越高，一直抬到巢的边缘。

就在这时候，只见它撅着身子，一使劲，屁股扬了起来，就把小兄弟掀到巢外面去了。

鹡鸰的巢就建在河岸上方的悬崖上。

浑身还是光溜溜的可怜的小鹡鸰，就这样一下子摔到了砾石堆里，跌了个稀烂。

而可恶凶狠的丑八怪自己也差点儿从巢里跌下来。它在巢的边上晃呀晃的，幸亏胖脑袋比较沉，总算重新把身子稳下来，回到巢里了。

这件命案，从开始到结束，只用了短短的两分钟。

后来，筋疲力尽的丑八怪一动不动地躺在巢里睡觉。

丑八怪躺了大约一刻钟后，鹡鸰爸爸和鹡鸰妈妈飞回来了。丑八怪伸长青筋毕露的脖子，抬起沉重的胖脑袋，就像什么也没发生过一样，尖声喊着："喂我吧！"

丑八怪吃完了，休息过了，又开始对付第二个小兄弟了。

不过，这次没那么成功，它的小兄弟拼命地挣扎，一次次从它背上翻滚下来。可是，丑八怪始终不放弃。

时间已经过去了5天，当丑八怪睁开眼睛的时候，看见只有自己还躺在巢里，其他5个小鸟兄弟都被它挤到巢外摔死了。

这只丑八怪在它出生后的第12天，开始长羽毛了。真相终于大白了，鹡鸰爸爸和妈妈都陷入深深的痛苦中。原来，它们细心抚养大的，是一只被遗弃的杜鹃。

可是，它的叫声是那么可怜，那么像自己死去的孩子抖动翅膀的样

子，张开嘴要东西吃，多么惹人怜爱啊！善良的鹡鸰父母无法拒绝它，不能眼睁睁地看它饿死。

老两口的日子过得很艰难，每天忙碌得连自己都吃不饱，就是为了给养子找肥美的大青虫。它们需要把脑袋都伸到小杜鹃的大嘴里，才能把食物塞到那个像无底洞一样的喉咙里。

秋天到了，终于把杜鹃喂养大了，它却飞走了，离开了老两口，一辈子再也没有见过面。

小熊洗澡

有一位我们认识的猎人，沿着森林小河的岸边在散步。突然，他听到一阵阵巨响，是"哗啦哗啦"的声音。他有些害怕，便爬到了树上。

丛林里走出来一只大棕熊，是熊妈妈，后面跟着两只活泼的小熊，以及

一个大一点儿的熊哥哥——它是熊妈妈的大儿子，也是两只小熊的"保姆"。

熊妈妈坐了下来。

熊哥哥张开大嘴巴衔住一只小熊，就往水里按。

这只小熊很害怕洗澡，吓得大声尖叫，乱蹬乱跳的。可是，熊哥哥还是不放开它，直到把它洗干净了，才把它叼上来。

另外一只小熊也害怕这个冰冷的"浴池"，一溜烟似地跑进树林里去了。

熊哥哥把它追了回来，揍了它一顿之后像对第一只小熊一样，给它洗了个澡。

洗着，洗着，一不小心，小熊掉进了水里。小熊吓得嗷嗷大叫，熊妈妈急忙跳进水里，把小熊救了上来。之后，熊妈妈把熊哥哥狠狠地揍了一顿。熊哥哥被揍得号啕大哭，这大家伙实在太可怜了。

小熊重新回到了地面上，看起来很高兴的样子，这么热的天，还穿着毛茸茸的皮大衣，快热死了！洗一个冷水澡，够凉快的。

洗完了澡，熊一家就回到树林里去了。而我们的猎人朋友这时才敢从树上跳下来，回家去了。

猫成了小白兔的奶娘

今年春天，我们家的猫生了一群小猫，但都被别人领走了。正好，在这一天，我们在森林里捉到了一只小白兔。

我们把小兔子放到猫妈妈身边，猫妈妈还有很多奶水，而且也很喜欢喂小白兔。

这样，小白兔在猫妈妈的喂养下慢慢长大了，它们俩的关系一直很好，还经常睡在一块儿。

有意思的是，猫妈妈开始教小白兔和狗打架了。只要狗跑进院子里，猫妈妈就会立刻扑上去，拼命地乱抓乱挠。小白兔开始模仿猫妈妈，伸着两条前腿，像打鼓一样在狗身上乱打，结果把狗毛弄得哪儿都是。周围的小狗都怕我们家的猫和它的继子——小白兔。

聪明的摇头鸟

　　树上有一个洞，被我家的猫看到了。于是，猫就想，那可能是鸟巢吧！里面一定有小鸟。猫很想吃小鸟，于是就爬到树上，探着头往洞里面看。它一看，吓了一大跳。只见洞底住着几条小蝰(kuí)蛇，它们蜷缩着身体，来回地蠕动着，还咝咝地叫呢！猫一定是吓坏了，急忙从树上跳下来，撒开腿拼命地逃走了。

　　其实住在树洞里的根本不是什么蝰蛇，而是摇头鸟的幼鸟。这不过是它们的计策而已，用来吓唬敌人的：脑袋在脖子上转来转去，就像蛇在蠕动，它们还能发出像蝰蛇的咝咝声。谁都怕毒蝰蛇！这样就可以把敌人都吓走了，自己也安全了。

藏到哪儿去了

　　一只大鹞鹰发现了一窝琴鸡——一只大琴鸡带着一群黄茸茸的小琴鸡。

"这下，可以饱吃一顿了。"大鹞鹰看准后，就从天上向下俯冲过来。就在这时，琴鸡也发现了它。

琴鸡大叫一声，所有的小琴鸡一下子就全都消失不见了。鹞鹰左看看，右看看，一只小琴鸡都没有，难道都钻到地底下去了？于是，它飞走了，去别的地方找食物去了。

这时，琴鸡又叫了一声，从它的身边出来一群黄茸茸的小琴鸡。原来，它们哪里都没去，只不过妈妈一叫，它们立刻躺下，身子紧贴着地面。从半空中往下看，它们和树叶、青草、土地没有什么区别。

可怕的毛毡苔

有一只蚊子飞过林中的沼泽地。它飞啊飞，感觉到有点儿累了，很想喝些什么。这时，它看见一棵有着绿色茎的草，茎梢上挂着白色的小钟儿，下面是一张张圆圆的紫红色小叶子，在茎周围丛生着。小叶子上有毛，毛上闪烁着一颗颗晶莹剔透的露珠。

于是，蚊子落在一片小叶子上，伸过嘴去吸露珠。谁知道露珠是黏糊糊的，一下子便把蚊子的嘴给粘住了。

突然，叶片上所有的毛毛都动弹起来了，像触手似的伸过来，捉住了蚊子。小圆叶子合拢起来，把蚊子裹在里面不见了。

不一会儿，叶子又张开来了，一张蚊子的空皮囊掉在地上，蚊子的血被花儿吸得一滴不剩。

这是一株可怕的花，吃虫的花，这花的名字叫做毛毡苔。它会把小虫儿捉住吃掉。

水底斗殴事件

在水底下生活的动物，跟在陆地上生活的动物一样，都喜欢打架。

有两只调皮的小青蛙跳进了池塘，看见了一只怪里怪气的蝾螈（róng yuán）——身子细长，脑袋很大，四条腿很短小。

"这真是个可笑的动物！"小青蛙心想，"真想教训教训它！"

于是，一只小青蛙咬住了蝾螈的尾巴，一只小青蛙咬住它的右前腿。

两只小青蛙使劲一拉，蝾螈的尾巴和右前腿被小青蛙扯断了，蝾螈赶紧逃走了。

几天过后，小青蛙又在水底碰见了这只小蝾螈。现在，它可成了真正的怪物——在原来是尾巴的地方，长出一只脚爪；在拉断了的右前腿的地方，长出了一条尾巴。

蜥蜴也和蝾螈一样，尾巴断了，能重新长出一根尾巴来；腿断了，能重新长出一条腿来。而蝾螈在这方面的本事，比蜥蜴还要大。不过，有时会长得颠七倒八的，在它们断了肢体的地方，会长出个跟原来的肢体不相符的东西。

学游泳的小矶凫

一天，我到湖边去洗澡，正巧看见一只矶凫在教小矶凫（jī fú）游泳，教它们见了人如何躲闪。大矶凫像只船似的漂浮在水面，小矶凫在潜水。小矶凫往水里一钻，大矶凫就游过去东张西望。最后，它们在芦苇旁钻出了水面，游到芦苇丛里去了。看见它们离开，我才开始洗澡。

森林通讯员／波波夫

有趣的小果实

荷兰有一种长在菜园里的杂草，名叫梿（lóng）牛儿，它的果实很有趣。这种植物本身不是很漂亮，散散乱乱、蓬蓬松松的，花是紫红色的，很平常。

如今，一部分花儿已经谢了，每个花托上凸起个鹳嘴似的东西。原来每个"鹳嘴"是5个尾部生在一起的种子。很容易把它们分开。这就是荷兰栊牛儿的鼎鼎大名的种子。它上面有个尖儿，下面好像有条尾巴，是毛茸茸的。尾巴尖儿弯弯的，像把镰刀，底下扭成螺旋似的。这根螺旋一受潮就会变直。

我把其中一个种子夹在两个手掌中，轻轻哈了一口气。它果然转动起来了，芒刺搔得手心怪痒的。它拧开来了，直了。

这种植物为什么要玩这一套把戏呢？原来是这么一回事儿：这种种子脱落的时候，戳在地上，用那镰刀似的尾巴尖儿钩住小草。在潮湿的天气里，螺旋绕开来，它一转，尾巴尖儿的种子便钻到土里去了。

种子可再也别想出来了，它的芒刺是往上翘的，顶住上面的泥土，不让它出来。

这是多么的巧妙啊！植物自己会把自己的种子播到土里去。

在还没有发明湿度计的时候，人们就已经利用荷兰栊牛儿的果实来测量空气的湿度了。可想而知，这种果实的小尾巴是多么的灵敏。人们把这种种子固定在一个地方，于是它的小尾巴就仿佛湿度计上的"指针"，通过它的移动，从而可以指出空气的湿度。

尼·巴甫洛娃

它们不是小野鸭

我在河岸上散步，看见水面上有一群小飞禽，它们看起来像小野鸭，但又不是小野鸭，说它们是别种野禽吧，可又实在说不出是什么。我心里想：这到底是什么动物呢？野鸭的嘴应该是扁的呀！它们的嘴却是尖尖的。

我赶紧脱下衣裳，浮着水去追它们。它们躲开了我，径直爬到对岸去了。我也跟着追了过去。眼看就要逮住了，却又让它们逃回了水边。我又追了过去，它们又逃开了。它们就这样引着我顺流而下。这可把我累坏了，差一点儿没力气爬上岸！最终，我还是没有逮住它们。

后来，我又看到它们好几次，不过，我可没勇气再下水去追它们了。原来它们不是小野鸭，是鸊鷉的幼子——小鸊鷉。

森林通讯员/阿·库罗奇金

纯洁的铃兰

8月5日，我在我们家花园里的小河边栽上了铃兰。大科学家林内给这种5月里盛开的花儿，取了个拉丁文的名字叫做"空谷百合"。我很喜欢这种花，比什么花都爱。我爱它那小铃铛似的花朵，白玉般洁净朴素；爱它那有弹性的绿茎；爱它那清凉而鲜嫩的长长的叶子；爱它那美妙的香气！总而言之，它整个儿是那样的纯洁而富有朝气！

春天的时候，大清早我就过河去采铃兰花，每天都带一束鲜花回来，养在水里。一天到晚，屋子里都洋溢着铃兰花的幽香。在我们列宁格勒一带，铃兰是在7月里开花的。

这时候，正逢夏末，我心爱的花儿给我带来了新的喜悦。

一天，我不经意间发现，在它们的大尖叶子底下，有一种淡红色的小东西，我跪下去，拨开叶子一看，那下面是一颗颗带点儿的椭圆形的橘红色坚硬小果实。它们跟花儿一样美丽，像是希望我把它们做成耳环，送给朋友戴上！

森林通讯员/维利卡

阅读理解
运用了排比的修辞手法，体现出作者对铃兰的喜爱。

天蓝色的草

今天是8月20日，我起得很早，向窗外一看，不由得吃了惊：天哪，青草怎么全变成了天蓝色！草儿被浓雾压得低着头，一闪一闪的。

如果你把白色和绿色掺在一起，就会变成天蓝色。是露珠洒

在鲜绿色的青草上，把它染成天蓝色的。

这里，有几条绿色的小径，穿过天蓝色的草地，从丛林一直通到板棚前。板棚里存放着很多袋麦子。以前有一窝灰山鹑，趁人们还没起床的时候，就跑到村里来偷吃麦子了。在打麦场上的不正是它们吗！淡蓝色的山鹑，胸脯上有个马蹄形的巧克力色大斑。它们的小嘴笃笃笃地啄着、啄着，啄得好忙呀！趁着人们还没有醒来，它们得赶紧多吃点儿！

再向远处看去，在那树林边上的是燕麦田。还没有收割的燕麦也是一片天蓝色的。一个猎人揣着枪，在那里走来走去。我想，猎人一定是在那里守候琴鸡吧！——琴鸡妈妈常常带了它的一窝小琴鸡，到田里去吃个饱。

琴鸡在天蓝色的燕麦田里跑过的地方，就变成了绿色。因为琴鸡在燕麦丛里跑过的时候，把白色的露水给碰掉了。猎人始终也没开枪，可能是琴鸡妈妈带了它那一窝小琴鸡，逃回了树林吧！

森林通讯员/维利卡

可怕的森林火灾

如果闪电不小心打在了枯树上，那可就糟糕了！如果有人在森林里散步的时候，丢下一根没熄灭的火柴，或者没把篝火弄灭就走了，那也很糟糕！

生命力旺盛的火苗，像条细细的小蛇，从篝火里慢慢爬出来，钻到苔藓和一堆堆干枯的针叶和阔叶里去。一时间，它从枯叶堆里蹿出来，吻了一下灌木，然后又跑到一堆枯树枝那去了

一秒钟也不能耽搁——这可是森林火灾呀！在它还没烧大、烧旺的时候，凭一个人的力量就可以扑灭它。赶快折一些带叶子的活树枝，照着火苗拼命地扑打吧！别让它扩大，别让它转移！也叫上你的朋友来帮忙吧！

如果你手上正好有铁锹或结实的木棍，就可以挖点土，用泥土和一块块的草皮把火盖灭。

如果火苗又从泥土底下钻了出来，爬到了树上，再从一棵树往另一棵

树上蹿的话，这场林火就一发不可收拾了。赶紧飞奔去叫人来救火吧！赶紧敲起救火的警钟吧！

森林的朋友

在战争期间，有许多森林都给毁掉了。各处的林区正在努力设法重造森林。很多中等学校的学生们在帮助他们做这项工作。

这里需要有好几百千克的松子，才能培植新的松林。3年的时间，孩子们收集了7吨多松子。他们还帮忙整地、照料苗木、守卫森林、防止林火的发生。

森林通讯员／查略夫

 名家点拨

森林中每个月发生的事情都不尽相同。7月又发生了很多有趣的故事，有动物的，也有植物的，在作者的笔下，它们就像是有思想，有意识的人，在森林这个大家庭里忙碌地生活着。作者用生动活泼的语言向我们展现了一个曼妙多姿的森林王国。

林中大战（续前）

名家导读

　　让我们回忆一下，6月的那场大战，最后是谁胜利了呢？是原本孱弱的小白杨和小白桦，它们成了胜利者，可是这种安逸、平静的生活能过多久呢？马上一场残酷的战争又要开始了，在这场战争中笑到最后的到底是谁呢？

　　我们的记者已经来到第三块采伐地。在10年前，伐木工人们在那里砍伐过树木。那里现在还归白杨和白桦统治。

　　胜利者们霸占着那块地，不允许任何别的植物在那里生长。每年春天，青草都想从土里钻出来，但是它们很快就闷死在多荫的阔叶帐篷下了。而云杉每隔两三年才结一次种子。每次云杉结种子，都派一批新的伞兵到采伐地上去。不过，那些云杉种子还没能长成树苗，就被小白桦和小白杨欺负死了。

　　小白桦和小白杨的生长速度不是以天来计算，而是以小时来计算的。它们密密层层地耸立在采伐地上，终于觉得拥挤了，于是它们彼此之间发生了争吵。

　　每一棵小树苗都想在地上和地下为自己多争取一些空间。每一棵小树都是越长越宽，排挤着它们的邻居。采伐地上的树木你推我挤，狼藉一片。

　　身强体壮的小树要比孱弱的小树长得快，因为它们的根要强壮一些，树枝也长一些。一棵健壮的小树长高之后，就把它的树枝从旁边小树的头上伸过去，它旁边的小树就被树荫给遮住了，从此就不见天日了。

最后一批弱小的树，在树荫下死去了。这时，矮小的青草好不容易从地里钻了出来。不过，已经长高了的小树，不再害怕青草了。就让它们在脚下成群地蠢动吧！这样还可以暖和一些呢！然而胜利者们自己的后代——它们的种子，落在这个阴暗、潮湿的地窖里，却都窒息而死了。

云杉的耐性很强，它们继续不断地每隔两三年就派一批伞兵到这片草木杂生的采伐地上来。胜利者对这些小东西不屑一顾。它们能和胜利者较量吗？让它们落在地窖里受苦去吧！

结果，小云杉到底长出来了，在阴暗和潮湿里，它们的日子可真艰难啊！不过，它们总算从土里钻出来了，它们只需要一点儿阳光就行了。它们长得又细又弱。

可是这地窖也有好处，这里没有风的侵袭，它们不会被风连根拔掉。暴风雨来临之时，白桦和白杨呼呼地喘息着，被风吹弯了腰。就是在这种时候，小云杉呆在地窖里却很安宁。

那儿确实挺暖和的，食物也充足。小云杉受不到春季刺骨的早霜和冬季严寒的迫害。那里的环境，跟光秃秃的采伐地上可不一样啊！秋天，白桦和白杨的枯叶落在地上腐烂了，发出热来，青草也发出热来，小云杉只需要耐心地忍受地窖里一年四季的阴暗。

小云杉不像小白桦和小白杨那样依赖阳光，它们能忍受阴暗，不停地生长着。

我们的记者很同情它们。后来，记者们又到第四块采伐地上去了。我们等待他们下一次的报道。

名家点拨

　　此章是作品的一个亮点，它前后呼应，每一个月的那场战争都与上一场和下一场有着千丝万缕的联系，如果把每一个月的这次大战单独列出来，排在一起，也是一个完整的故事。行散而神不散，正是本作品的一大特色。

农场趣事

名家导读

　　比起6月份来，这个月农场似乎更忙碌了，农场的庄员们开始准备收割春播作物，麦田金灿灿的，亚麻成熟了，各种各样的蔬菜也成熟了，不仅大人们忙碌起来，连小孩子也都起了忙。此时，没有人是闲着的。

忙碌的农场

　　到了收割庄稼的时候。我们集体农庄的黑麦田和小麦田看起来就像是无边无际的海洋。麦穗高且壮实，还密密匝匝的，每一根麦穗里都有很多很多的麦粒。集体农庄庄员们的努力，真够令人钦佩的！不久，这些麦粒将汇成一股股金黄色的洪流，流进国家的仓库，流进集体农庄的仓库。

　　亚麻也在这时候成熟了。集体农庄庄员们都忙着在田里拔麻。他们是用拔麻机来拔的，机器拔得可快了！女庄员们跟在拔麻机后面捆麻，把一行行倒下来的亚麻捆成一束束，再把一束束亚麻堆成垛，10束一垛。不一会儿，麻田里就站满了一排排的"兵士"。

　　山鹑只好带着一家老小，从秋播的黑麦田搬到春播的田里去了。

　　庄员们现在在收割黑麦。肥硕又壮实的麦穗，在割麦机的钢锯下，一束束地倒下了。庄员们把一束束的麦子捆起来，也堆成垛。许许多多的麦垛堆在田里，真像运动会上运动员们的行列。

菜园里，胡萝卜、甜菜和其他蔬菜也都成熟了。庄员们把蔬菜运到了火车站，火车又把它们运进了城里。在这些日子里，城市里的居民们就可以吃到新鲜可口的鲜黄瓜，吃到胡萝卜馅饼，喝到用甜菜做的红菜汤了。

集体农庄里的孩子们都去树林了。他们在那儿采蘑菇和熟了的树莓、越橘。这些天，在各处的榛子林里，都能看见一群群的小孩子。他们可是赶不走的，他们的口袋里装满了榛子。

这会儿大人们可没时间

采榛子，他们要割麦、打麻，得用速耕小犁把所有的田耕完，还要把翻起的泥土耙好，因为要开始播种秋播作物了。

孩子们也来帮忙

天一亮，集体农庄庄员们就下地干活儿去了。大人们到哪里，小孩儿们就跟到哪里。在牧场，在农田，在菜园，到处都有孩子们帮大人干活的身影。

瞧！孩子们扛着耙子来了。他们麻利地把干草耙到一堆，然后载上大车，送到集体农庄的干草棚里去了。

这些杂草可真是把孩子们累坏了，孩子们常常得在亚麻田和马铃薯田里除香蒲和木贼等杂草。

到了拔麻的时节，拔麻机还没在亚麻地里出现，孩子们就已经早早地到了。

他们拔掉亚麻地四角上的亚麻，好让拖着拔麻机的拖拉机转弯的时候方便一些。

在收割黑麦的田里，孩子们也来帮忙。收割完麦子，他们把掉在地上的麦穗耙到一起，收拾起来。

禾谷的报告

阅读理解
禾谷怎么会作报告呢？这里运用了拟人的修辞手法。

集体农庄的田里传来禾谷作物的报告："咱们这里一切都很顺利，谷粒已经成熟了。过不了多久，我们就要开始把它们往地上撒了。以后，你们就不必再为我们操心了，甚至不用再到田里来看望了。现在，没有你们，我们也可以过得很好！"

集体农庄庄员们笑笑，说："那可不行！怎么能不去看望呢！这会儿正是工作最忙的时候！"

拖拉机拖着联合收割机去田里了。联合收割机是个多面手：

收割、脱粒、簸分它全都在行。联合收割机开进田里的时候，黑麦比人还高；它从田里开出来的时候，只剩下矮矮的残株了。联合收割机交给庄员们的是纯粹的麦粒。庄员们把麦粒晒干，装在麻袋里，然后运出去交给政府。

两块不一样的马铃薯地

我们的记者曾经到另一个集体农庄去访问。他观察到这个集体农庄有两块马铃薯地。一块深绿色的要大一些，一块快要变黄的要小一些。第二块田里的马铃薯茎叶枯黄枯黄的，好像要死了似的。

我们的记者决定弄清楚这是怎么一回事儿。后来他发回来这样的报道：

"昨天，一只公鸡跑到变黄了的田里来了。它把土刨松，唤去许多母鸡，请它们吃新鲜的马铃薯。一位女庄员路过看见，笑了起来，告诉她的邻居：'这可不错！公鸡头一个收我们的早熟马铃薯了。大概它知道我们明天就要开始收早熟马铃薯了吧！'由此可见，茎叶变黄了的马铃薯，是早熟马铃薯。它们已经成熟了，所以它的茎叶变黄了。那块面积大的深绿色田里，栽的是晚熟马铃薯。"

第一个白蘑

记者来到集体农庄的树林里，看见土里生出了第一个白蘑。真是结实、肥硕的一个白蘑呢！

它的帽子上有个小坑儿，周围是湿漉漉的穗子。它的上面沾了许多松针，四周的土是高起来的。要是把这块土挖开，还可以找到更多的大白蘑、小白蘑、小小白蘑和最最小的白蘑呢！

森林报通讯员/尼·巴甫洛娃

 名家点拨

　　小麦、黑麦、亚麻、蔬菜等全都熟了，农民们忙碌的身影在田间穿梭，好一幅收获的景象。作者用几个镜头向读者展现了作物成熟，农民收获、忙碌的画面，让读者身临其境。不仅如此，作者还让我们学到了很多农田里的常识：何时该收割麦子、收割麦子的机器是什么，怎样分别早熟和晚熟的马铃薯地以及白蘑菇什么时候长出来。

鸟的家园

名家导读

远航领航员马尔丁诺夫给《森林报》编辑部寄来一封信，信上说他在远航的时候见到了神奇的海市蜃楼，之后就看到了一座小岛，小岛上有成千上万的鸟儿，就像是鸟的家园一样，除此之外还有一些很有趣的野兽呢！

我们乘船航行在喀拉海东部。我们的周围是一片汪洋，看不到边儿，好像没有尽头一样。

突然，桅顶监视员喊了起来："在正前方有一座倒立的山！"

"恐怕他产生幻觉了吧！"我心里这样想着，也爬上了桅杆。

我看得很清楚：我们的船正向一个岩石重叠的岛屿开去。这座岛上下颠倒，倒挂在空中。

一块块的岩石倒挂在空中，似乎没有什么东西托住它们！

我自言自语："朋友，你是不是脑子出了毛病？"

但就在这时，我突然想起来："啊！这是反射光！"于是不由得笑了起来。反射光可是一种奇异的自然现象。

在北冰洋上，常常有这种物理学的"全反射"现象，而这种现象就是海市蜃楼。船走着，走着，你会忽然看见远处的海岸，或者一条船，倒挂在空中。这是它们在空中的颠倒过来的影像，就跟在照相机的测景器中看到的影像一样。

过了几小时，我们的船到达了那个远处的小岛。小岛并没有倒挂在半空中，而是稳稳当当地矗立在水里，重重叠叠的岩石也都很正常。

船长把方位测定准确，并且看了看地图，说这是比安基岛，位置在诺尔勒歇尔特群岛的海湾入口处。这个岛命名为比安基岛，是为了纪念俄罗斯科学家利沃维奇·比安基，我们这部《森林报》所纪念的科学家正是他。因此我想，你们应该很想知道这个岛是什么样子的，岛上都有些什么吧！

岛是由许多岩石杂乱堆成的，有四四方方的大石板，也有巨大的圆石头。岩石上没有灌木，也没有青草，只是稀稀落落地闪烁着一些淡黄色和白色的小花。还有，在背风朝南的岩石面上，长满了地衣和短短的苔藓。这里有一种青苔，很像我们那儿的平茸蕈，很软，很肥。在别处，我从来没看见过这种青苔。在倾斜的海岸上，有一大堆漂来的木头，有圆木，有树干，也有木板。那些都是从海上漂来的，或许漂了几千公里呢！那些木头都干透了，屈起手指头轻轻叩它们一下，就会发出清脆的声音来。

现在已经是7月底了，可这里才刚刚开始夏天。不过，这也并不妨碍那些大冰块、小冰山，静悄悄地打岛旁漂过去。它们在阳光下亮闪闪的，晃得人睁不开眼睛。这里的雾浓极了，低低地笼罩在岛上和海面上。经过的船只，从这里望去只见桅杆，不见船身。不过，这儿也难得有船经过。岛上荒无人烟，所以岛上的野兽见了人，一点儿也不害怕。无论谁，只要随身带点盐，就可以往它们尾巴上撒点盐，把它们捉住。

比安基岛真是鸟儿的乐园。可这里不是鸟儿的闹市，没有那种几万只鸟胡乱挤在一块岩石上做巢的情况。成千上万的鸟儿，自由自在地在岛上建起自己的房子。在这里做巢的，有成千上万的野鸭、大雁、天鹅、潜鸟以及各色各样的鹬。海鸥、北极鸥和管鼻鹱(hù)要住得高一些，它们在光秃秃的岩石上做巢。

这里还有各种各样的海鸥：有浑身雪白、黑翅膀的鸥；有身体纤小、粉红色羽毛、尾巴像剪刀那样叉开的鸥；有身体硕大、性情凶暴的北极鸥，这种鸥吃鸟蛋，吃小鸟，也吃小兽。这里还有浑身雪白的北极大猫头鹰。在这里，美丽的白翅膀白胸脯的雪鸦，像云雀一样飞到云霄里唱歌。还有北极百灵鸟在地上边跑边唱，它们的颈上生着黑羽毛，像几绺黑胡子似的，头上竖起两撮黑冠毛，好像一对小犄角似的。

比起鸟儿来，这儿的野兽更有意思……

我拿了点儿早餐，走到海岬后，坐在了海岸上。我坐着，身旁有许多旅鼠窜来窜去。这是一种个儿很小的啮齿动物，浑身长着灰色、黑色和黄色的绒毛，毛茸茸的。

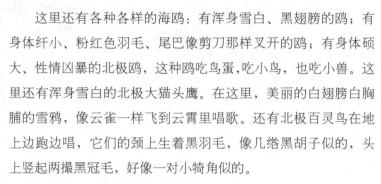

岛上有很多北极狐。我在乱石堆当中看见过一只，它正偷偷摸摸地向一巢还不会飞的小海鸥走去。忽然，它被一只大海鸥发现了，大海鸥马上向它扑了过去，然后只听得一片吵闹声。吓得这个小偷儿夹着尾巴逃走了。

这儿的鸟会保卫自己，它们不让自己的雏鸟受到欺负。这样，可就弄得野兽要挨饿了。

我开始眺望海上。海面上也有许多鸟在游泳。

我吹了声口哨。突然间，打岸边水底下钻出几个油光水滑的圆脑袋，一双双乌黑的眼睛好奇地盯着我看，大概在想："哪里来的这么个怪物！他吹口哨干吗呀？"

这是一种个头儿不大的海豹。

在离岸远一些的地方，又出现了一只个儿很大的海豹。再远一些，有一些长着胡子的海象，它们的个儿更大了。突然一下子，所有的海豹和海象都钻进水里去了；鸟儿大声叫着，飞上了天空——原来有一只白熊打岛旁游过，它只从水里露出一个脑袋。白熊是北极地区最凶猛、力气最大的野兽。

我的肚子有点儿饿了，于是想拿出早餐来吃。我清清楚楚地记得，是把它放在自己身后一块石头上的，可是这会儿却找不着了。石头底下也没有。

我赶紧跳起身来。

从石头底下蹿出一只北极狐。

原来它就是小偷儿！是这个小偷儿悄悄地走过来，偷走了我的早点。它嘴里还衔着我用来包夹肉面包用的那张纸呢！

你看，这里的鸟让原本体面的野兽饿成什么样子了！

名家点拨

此章是以信的形式向读者讲述了一个鸟岛上发生的事情。这种写作方式在整部作品中显得很独特，很新颖，不会让读者觉得千篇一律。以信的形式更能表现故事的真实性，以此让读者感受到此次鸟岛之行就是马尔丁诺夫的亲身体验，也让人对这个美丽的鸟的王国更加神往。

狩 猎

名家导读 ✳ ❀

这时候，雏鸟还没长大，还不能飞，该怎么打猎呢？何况法律禁止在这个时期打飞禽走兽，小鸟小兽是不能打的。不过，对那些专吃林中小动物的猛禽和危害人的野兽，在夏天，法律是允许打的。于是，捕猎之前还是先分清哪些是益鸟，哪些是害鸟吧！千万不要误伤了对人类有益的鸟啊！

黑夜的恐怖

如果你在夏天的晚上去外面走走，就会听见从树林里传来一阵阵恐怖的声音，有时是"嚯嚯嚯！"有时是"哈哈哈！"简直吓死人了，叫人手臂上的汗毛都竖起来了呢！

有时候，不知道是什么东西从阁楼里或者屋顶上呜呜地大叫起来，在黑暗里闷声闷气的，仿佛在那里说："快走！快走！灾难就要来临了　　"

在这个时候，黑漆漆的半空里，出现了一双凶恶的眼睛，看起来就像两盏燃起来的圆溜溜的绿灯。接着，一个无声无息的阴影，在你身边一闪而过，差点儿擦着你的脸。简直太让人害怕了。

就是由于这种恐惧心理，所以人们才讨厌各色各样的猫头鹰。树林里的鸮(xiāo)鸟，夜夜在那里狂笑，笑声尖锐刺耳。栖息在人家屋顶上的鸮鸟，用一种不吉祥的声音，一个劲儿招呼人们："快，走！快，走！"

就算是在白天，要是打一个黑漆漆的树洞里，突然探出一个有一双黄澄澄的圆眼睛的脑袋，钩子似的尖嘴巴，发出很响的吧嗒吧嗒的声音，也很容易把人吓一跳呢！

如果在深夜里，家禽中间起了一阵骚乱，鸡、鸭、鹅一齐乱叫起来，咯咯咯、呷呷呷、嘎嘎嘎吵翻了天，那第二天早晨，那家主人就会发现小鸡少了几只，那他一定会骂鸮鸟的。

阅读理解
从视觉和听觉上做了详细的描绘，让一只诡异的鸮鸟活灵活现地展现在读者面前。

大白天打劫

不仅仅是夜晚，就是大白天，猛禽也闹得农庄庄员们不得安宁。

老母鸡不小心麻痹大意了，它的小鸡就被鸢(yuān)鹰抓走了一只。

一只公鸡刚刚跳上篱笆，鹞子一把就把它抓走了！鸽子刚从屋顶上飞起，不知从哪里来了只游隼，游隼冲进鸽群，只用一爪子，就弄得鸽群绒毛四散飞舞。它抓住了那只死掉的鸽子，一下子就飞得无影无踪了。

万一猛禽叫集体农庄庄员给碰上了，那些对猛禽恨得咬牙切齿的人，才不会去管哪只是好鸟，哪只是坏鸟，他们只要看见一只有钩形的嘴和长爪子的猛禽，就会立刻把它打死。他们要是认真起来，把周围一带所有的猛禽都打死或赶跑，那到时候可后悔都来不及了：田里的老鼠将大批地繁殖起来，金花鼠会把整片的庄稼都吃光，兔子会把整个菜园里的白菜都啃光。

不了解这些的庄员将在经济上受到很大的损失。

哪些是益鸟，哪些是害鸟

我们要学会辨别有益的猛禽和有害的猛禽，这样才不会把事情弄得那么糟。那些伤害野鸟和家禽的猛禽，是有害的。那些消

灭老鼠、田鼠、金花鼠和其他对我们有害的啮齿动物和害虫（蚱蜢、蝗虫等）的猛禽，是有益的。

白天飞出来的猛禽最有害的是老鹰。在我们这里老鹰有两种：硕大的游隼和小个儿的鹞鹰——比鸽子细长一些。

老鹰和其他猛禽很容易区分。它们是灰色的，胸脯上有杂色的波纹；小小的脑袋，低低的前额，淡黄的眼睛；翅膀圆圆的，尾巴长长的。

老鹰是一种很强悍、凶恶的鸟。就是个头儿比它们大的动物，它们也敢扑，甚至肚子饱着的时候，它们也会毫不犹豫地把别的鸟杀死。

尾巴尖儿分叉的是鸢，根据这种尾巴的特征，很容易把它辨认出来。它没有老鹰那么凶狠。它不敢扑个儿大的飞禽走兽，只是到处张望，看哪里有笨头笨脑的小鸡可以抓走，或者哪儿有腐烂的动物尸体可以啄食。

还有一类害鸟——大隼。

大隼的翅膀尖尖的、弯弯的，像两把镰刀。它们比什么鸟都飞得快，而且常常猛扑那些正在高飞的鸟，这样可以在扑空的时候，免于猛地撞在地上，撞破胸脯。

最好不要去惊动那些小隼鹰，它们中间有些是非常有益的。

比如红隼。它们有个诨名叫做"疟子鬼"。

我们常常可以在田野的上空中看到这种红褐色的红隼。它悬在半空里，好像有一根看不见的线，把它挂在云堆下似的。它抖动着翅膀，在搜寻草丛里的老鼠、蚱蜢、蚯虫。

而雕也是害鸟，它对我们害多利少。

在巢旁打猛禽

我们一年四季都可以打有害的猛禽。打这些猛禽有各式各样的方法。打猛禽最方便的方法，是在它们的巢旁打它们。不过，这种打法是很危险的。

有时候，硕大的猛禽为了保卫雏鸟，会狂叫着向人直扑过来，因此不得不在离它很近的地方开枪。枪要打得快，打得老练，要不然你的眼珠子可就难保了。不过，很不容易找到它们的巢。雕、老鹰、游隼都把自己的巢安置在难以攀登的岩石上，或者在茂密的森林里的高大的树木上。

偷 袭

雕和老鹰喜欢停在干草垛上、白柳树上，还喜欢立在孤零零的枯树上，寻找可以捕捉的小动物。它们可不喜欢有人走近它们。

于是，我们就得偷袭了，从灌木丛或者石头后悄悄地爬过去打。枪，必须要用远射程的来复枪，装上小子弹。

这是个圈套

猎人去打白天飞出来的猛禽时，常常会带一只大角鸮。

第一天，猎人在附近一处小丘上，把一根木杆插在了土里，木杆上安了一根横木。离这根木杆几步路远，把一棵枯树埋在土里，再在旁边搭个小棚子。

到第二天清晨，猎人带着大角鸮来到这里，把它放在木杆的横木上，系好，自己躲在小棚子里。

不用在那里等很久。只要老鹰或者鸢看见这个丑陋的东西，它们马上就会向它扑过来。大角鸮夜里经常出来打劫，所以仇家很多，谁都想报复它。它们打着盘旋，向大角鸮一次次扑将过来，落在枯树上，朝这个强盗大声叫着。

系在木杆上的大角鸮，只好竖起浑身的羽毛，眨巴着眼睛，吧嗒着钩形嘴，却无计可施。

猛禽正在怒气冲天的时候，顾不得注意其他地方。趁这个时候，你就可以开枪了！

黑夜打猛禽

　　在黑夜里打猛禽是最有趣的。老雕和其他大猛禽飞去过夜的地方不难被发现。比如，在没有岩石的地方，雕就在孤零零的大树顶上打盹儿。

　　猎人选了一个没有月光的黑夜，来到这样一棵大树旁。

　　雕正在睡觉，所以猎人可以走到树下。猎人出其不意地亮出藏在身边的手电筒或者电石灯。雕被突然射过来的耀眼的亮光照醒了，眯着眼睛，迷迷糊糊的。它什么都看不见，不明白是怎么一回事儿，像发昏似的呆在那儿动也不动。

但是，猎人从底下望上去，却看得很清楚。猎人瞄准了雕，开了一枪……

夏猎开禁

到了7月底，猎人已经等得不耐烦了，心里很焦急，这时候雏鸟已经长大了，可是省执行委员会还是没有定下今年打猎开禁的日期。

后来，这一天终于盼到了：报上登出了公告，说是今年从8月6日起开禁，许可在树林里和沼泽上打猎。

每个猎人早早地把弹药装好了，把猎枪检查了一遍又一遍。8月5日那天，人们下班的时候，就可以看到各处城市的火车站上都挤满了掮着猎枪、牵着猎狗的人。

火车站上有各种各样的猎狗！短毛的猎犬和光毛猎犬，尾巴直直的，像根鞭子似的。这些狗的颜色都不一样：白色带小黄斑点的；白色带大黑斑的；黄色带杂色斑点的；棕色带杂色斑点的；深咖啡色的；浑身乌黑，油光闪亮的。有长毛的、尾巴像羽毛一样的谍犬。它们的毛色有白色带闪着青灰色光的小黑斑点的，有白色带大黑斑的。有"红色"的长毛猎狗——浑身火黄的，浑身火红的，几乎是纯红色的。还有大个儿的猎犬，它们显得很笨拙，行动迟钝，毛色是黑的，带黄色斑点。这都是为了夏天打猎、打刚出巢的野禽而饲养的猎狗，它们经过了训练，只要一闻到飞禽的气味，就站住脚步，动都不动，鼻子朝着飞禽所在的方向，等候主人走过来。

大多数猎人都乘近郊火车下乡，每一节车厢里都有。大家都朝他们望，瞧他们的漂亮猎狗，只听得车厢里的人光在那里谈论野味、猎狗、猎枪和打猎的事迹。猎人们觉得自己简直成了英雄

阅读理解
此段运用了大量的排比，说明狗的数量之多。

好汉了，他们不时地抬起眼睛，骄傲地望望那些没带猎枪、没带猎狗的乘客。

6号晚上和7号清晨的火车，把那些乘客载了回来。可是，有一些猎人的脸上，那种扬扬得意的神气完全消失了，背上那瘪瘪的背包垂头丧气的。

那些不打猎的乘客笑容满面地迎着这些不久前的英雄好汉。

"猎物在哪里呀？"

"留在林子里了。"

"还不是飞到别的地方送死去了。"

可就在这时，一个小车站上来了一个猎人，一阵阵赞美声迎接着他，原来他的背囊装得鼓鼓的。他眼里没有任何人，只顾着找座位，而大家都连忙挪出地方来让他坐下。他大模大样地坐了下来。他的邻座可真是个眼尖心细的人，一下子就向全车厢的人揭穿了他："咦？你的猎物怎么全是带绿脚爪的呀！"那个人说着，毫不客气地掀开了猎人的背包。

从那里面露出来云杉树枝的梢儿。

猎人难为情地走开了！

名家点拨

政府还没开禁，猎人们就已经蠢蠢欲动了。他们很多都是些靠打猎为生的人。有些猎人不分益鸟和害鸟，什么都猎，这会破坏大自然的生态系统，而且人类失去了益鸟这样的朋友，也会遭受严重的损失。这一章，我们可以学到区分益鸟和害鸟的方法，以后也要做个爱护益鸟的人哦！

打靶场

射箭要射中靶子！

答案要对准题目！

第5次竞赛

1. 鸟儿什么时候有牙齿？

2. 假如一头牛没有尾巴，比起有尾巴的牛来，哪一头可以经常吃得更饱一些？

3. 为什么人们给这种蜘蛛（请看插图）取名叫做"割草的"？

4. 一年里面哪一季度猛禽和猛兽能吃得最饱？

5. 什么动物生两次，死一次？

6. 什么动物在成长以前，要生三次？

7. 当人们形容凡是对人毫无影响的事情时，为什么就说"好像鹅背的水"？

8. 为什么狗觉得热了，就吐出舌头，马觉得热的时候不吐出舌头？

9. 哪一种鸟的雏鸟，不认得妈妈？

10. 哪一种鸟的雏鸟，像蛇一样从树洞里发出咝咝的声音？

11. 根据秃鼻乌鸦的嘴，可以区别出老鸟和小鸟。怎样区别？

12. 蜜蜂在蜇了人以后，它自己就怎样了？

13. 刚生下来的蝙蝠吃什么？

14. 中午，向日葵的花朝什么方向？

帮帮流浪儿

这是雏鸟出世月，我们常可以看到雏鸟从巢里掉下来，或者失去妈妈。它想躲避你这个两只脚的大怪物，于是它躺在地上，或者把头往灌木丛、草墩里乱钻。可是它的两只脚还很软弱，翅膀还不能飞，可怜的它不知道怎么办才好。你当然可以捉到它。你可以把它拿在手里，仔细地观察它，心想："你这小家伙是只什么鸟呢？哪个属的？你的妈妈在哪里呢？"

可它只能啾啾地叫，叫得好响，好可怜呀！显然它是在呼唤它的妈妈。你也真想把它送还它的爸爸妈妈。可是，问题来了：它的爸爸妈妈是什么鸟呢？

那时候，你将张着嘴巴发愣：该怎么办呢？其实你张着嘴巴也没用，倒是应该张大眼睛好好看看。猜出它是什么鸟，确实不容易，因为雏鸟长得非常不像它们的父母。而且鸟爸爸和鸟妈妈彼此就很不像。不过，你有的是一双敏锐的眼睛。你仔细看看，雏鸟的脚什么样，嘴什么样，然后再去找那些有同样的脚和嘴的老鸟——不管是雄的还是雌的。雄鸟和雌鸟的羽毛可能不太一样，至于雏鸟，可能连羽毛都还没有长，它有的只是一身绒毛，或者还是一身光溜溜的。但是根据它的嘴和脚，你一眼便能认出它的爸爸妈妈。

这样，你就能帮走失的孩子找到父母了。

第4次测验

猜谜：谁是爸爸，谁是妈妈，谁是孩子？

卷尾巴琴鸡

雄琴鸡的尾巴尖的羽毛向两边卷起，因此得了这样一个名称。不过，你不要去看尾巴，因为雌琴鸡的尾巴可不是这样的。至于小琴鸡呢，它还没有长尾巴呢。

燕雀妈妈

燕雀的雏鸟跟其他鸣禽的雏鸟一样，刚出蛋壳的时候，才一点儿大，光着身子，软弱无力。雄燕雀和雌燕雀的形态相像，身子差不多大小，尾巴也一样，只是羽毛不同。只要看雏鸟的脚，你就可以认出，它是燕雀的雏鸟。

野鸭

野鸭的嘴是扁平的。它们的脚趾间有蹼连着。你得好好瞧瞧，是什么样的蹼，别把野鸭跟鸬鹚弄混了。

红脚隼妈妈

猛禽的嘴像钩子似的，脚上有锐利的脚爪。他们的小鸟也是一样。

鸬鹚爸爸

鸬鹚和爸爸妈妈长得差不多，小鸬鹚也很好认，只要看它的嘴和脚蹼就行了——跟野鸭完全不一样。

图3

图2

图4

图5

图1

图6

图7

图9

图8

图10

　　如图，这就是前面说的5种不同的鸟儿，每一种鸟都有2只——雏鸟和它的爸爸或妈妈。请你拿一张纸，把它们重新画下来，一定要让小雏鸟挨着自己的爸爸或妈妈。

森林报·夏

结队飞行月

8月21日到9月20日　太阳走进处女宫

（夏季第3月）

No.6

一年：12个月的太阳诗篇——8月

森林里出了新规矩

森林中的大事

绿色的朋友

林中大战（续前）

农场趣事

狩　猎

打靶场

公　告

一年：
12个月的太阳诗篇

——8月

8月，是闪光的一个月。在夜里，远方出现一道道闪光，无声无息地照亮了整个天空，转瞬即逝。

草地在夏季最后一次换装了：如今，它变得五彩缤纷，花儿大多是蓝色、淡紫色这种稍微深一点儿的颜色。太阳光渐渐减弱，草地需要收藏临别的阳光了。

大一些的果实，如蔬菜、水果什么的，也快要成熟了；晚熟的浆果，像树莓、越橘什么的，也很快就要成熟了；沼地上的蔓越橘，树上的山梨，都快要熟透了。

森林里长出来一些蘑菇，它们讨厌火热的太阳，喜欢藏在阴凉里躲避阳光，就像个小老头儿。

这时候，树木已经停止往高处生长了，也不再长粗了。

森林里出了新规矩

名家导读

又过了一个月，雏鸟渐渐长大了，它们开始爬出暖和的巢，跟着爸爸妈妈学习飞翔，学习捕食，学习如何独立生存。孩子们在爸妈的呵护下健康成长，等它们长大后还要面对很多事情呢！

小孩儿们长大了

森林里的孩子们都长大了，已经可以从巢里爬出来了。

在春天，鸟儿成双成对的，住在自己固定的地盘上，如今它们却带着孩子们，满树林子游荡起来了。

森林里的居民们你来我往地串起了门。

就连那些猛兽和猛禽，也不再严守着自己打食的那个地段了。野味现在很多，几乎到处都有，大家都有吃的。

貂、黄鼠狼和白鼬（yòu）也满树林窜，它们无论在哪里，都能不费事地得到吃的东西：这里有的是呆头呆脑的雏儿、没有经验的小兔子、粗心大意的小老鼠。

鸣禽集合成为一群群，在灌木和乔木间穿行。

群有群的规矩。

规矩是这样的：

谁要是先发现了敌人，就得尖叫一声，或者尖哨一声，以此来警告群

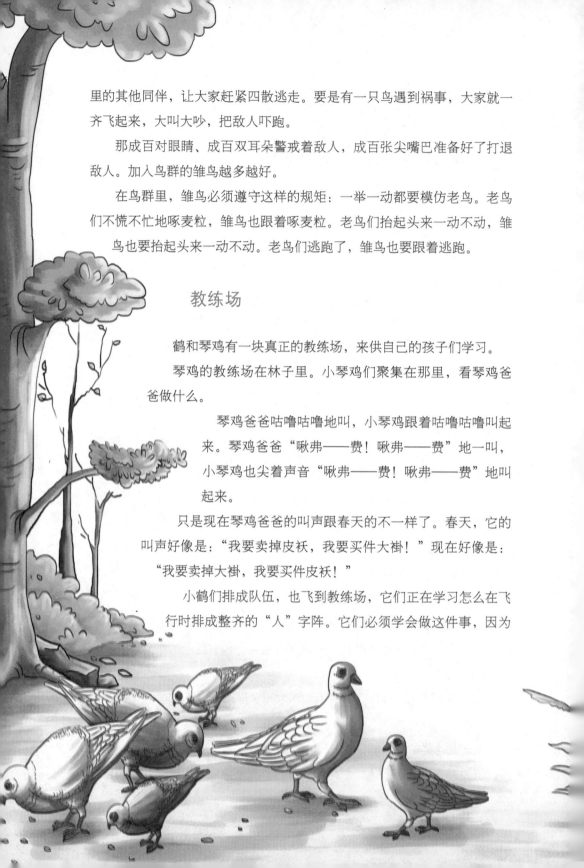

里的其他同伴，让大家赶紧四散逃走。要是有一只鸟遇到祸事，大家就一齐飞起来，大叫大吵，把敌人吓跑。

那成百对眼睛、成百双耳朵警戒着敌人，成百张尖嘴巴准备好了打退敌人。加入鸟群的雏鸟越多越好。

在鸟群里，雏鸟必须遵守这样的规矩：一举一动都要模仿老鸟。老鸟们不慌不忙地啄麦粒，雏鸟也跟着啄麦粒。老鸟们抬起头来一动不动，雏鸟也要抬起头来一动不动。老鸟们逃跑了，雏鸟也要跟着逃跑。

教练场

鹤和琴鸡有一块真正的教练场，来供自己的孩子们学习。

琴鸡的教练场在林子里。小琴鸡们聚集在那里，看琴鸡爸爸做什么。

琴鸡爸爸咕噜咕噜地叫，小琴鸡跟着咕噜咕噜叫起来。琴鸡爸爸"啾弗——费！啾弗——费"地一叫，小琴鸡也尖着声音"啾弗——费！啾弗——费"地叫起来。

只是现在琴鸡爸爸的叫声跟春天的不一样了。春天，它的叫声好像是："我要卖掉皮袄，我要买件大褂！"现在好像是："我要卖掉大褂，我要买件皮袄！"

小鹤们排成队伍，也飞到教练场，它们正在学习怎么在飞行时排成整齐的"人"字阵。它们必须学会做这件事，因为这样，在长途飞行的时候，才能节省力气。

飞在"人"字阵头里的，是身强力壮的老鹤。它是全队的先锋，要冲破气浪，所以它的任务比别的鹤更艰巨一些。

如果它飞累了，就会退到队伍的末尾，由别的有力气的老鹤来代替它领队。

小鹤跟在领队的后面飞，一只紧跟着一只，脑袋接着尾巴，尾巴接着脑袋！它们按节拍鼓动着翅膀。哪一只身体强一些，就飞在前面，哪一只弱一些，就跟在后面。"人"字阵用头前的三角尖突破一个个的气浪，就像小船用船头破浪前进一样。

蜘蛛也会飞

没翅膀，能飞吗？

看！几只小蜘蛛变成了气球驾驶员，这是它们飞行的窍门。

小蜘蛛从肚子里放出一根细丝来，挂在灌木上。微风吹着细丝，细丝左右飘动着，可是这些细丝是吹不断的。因为蜘蛛丝很坚韧，跟蚕丝一样。

蜘蛛丝从灌木上挂下来，直到地面，在空中飘啊飘。小蜘蛛站在地上，还在那儿抽丝。丝把身子缠住了，缠得浑身都是，好像一个蚕茧似的，可是丝还从那儿抽出来。

蜘蛛的丝越抽越长，风吹得越来越厉害。

小蜘蛛用8只脚牢牢地抓住地面。

小蜘蛛迎风走过去，咬断挂在细枝上的那一头。

一阵风就把小蜘蛛给刮走了。

小蜘蛛飞起来了！

它赶快解开缠在身上的丝！

小气球飞得高高的，飞过了草地，飞过了灌木丛。

驾驶员从上往下看："在哪儿降落好一些呢？"

下面是树林，是小河。再往前飞吧！

瞧，这是谁家的小院子呀！有一群苍蝇正绕着一个粪堆飞舞，就在这里降落吧！

蜘蛛把蜘蛛丝绕在自己身底下，用小爪子把蜘蛛丝缠成一个小团儿。小气球渐渐地降落了。

终于着陆了！

蜘蛛丝的一头挂在草叶上，小蜘蛛着陆了！

蜘蛛就在这里安居乐业了。

名家点拨

雏鸟的长大给森林灌输了许多新鲜的血液，整个森林看起来是那么的生机勃勃。可是，这时候森林仍然充满了危险，雏鸟们必须学会各种本事，鸟儿们也要找到更好的保护自己的方法，不然它们的敌人就会张牙舞爪地向它们扑过来。我们也要向小鸟学习，学会飞翔，学会坚强，学会自力更生。

森林中的大事

名家导读 ✽

　　8月，森林中又发生了哪些大事呢？那只山羊可真厉害，它吃光了一片森林；小鸟们真勇敢，它们团结起来对付常常欺负它们的强盗；别看狗熊块头大，它可是个胆小的家伙呢；森林里突然长出了很多的蘑菇，可是要怎么区分它们有无毒性呢……真是太神奇了，都已经迫不及待地想要去看看了。

吃光树林的山羊

　　我可不是在开玩笑，一只山羊真的把一片树林吃光了。

　　这只山羊是树林看守人买的。看守人把它带到了树林里，将它拴在草地上的一根柱子上。半夜，山羊挣脱了绳子，逃走了。

　　周围全都是树木。它会去哪儿呢？幸亏那一带没有狼。

　　树林看守人找了3天都没找到。到第4天，它自己回来了，咩咩咩地叫着，仿佛说："我回来了！"

　　晚上，邻近的一个树林看守人慌慌张张地跑来了。原来那只山羊把他那个地段上所有的树苗都啃掉了，这就等于吃光了一整片树林！

　　树木在小的时候还不能保护自己，随便哪一只牲口，都能欺负它，把它从土里拔出来，吃掉。

　　山羊看中了那些细小的松树苗。看上去，它们是那么的漂亮——像些小棕榈似的，下面是一根纤细的小红柄，上面是软软的绿针叶，像一把把扇子一样张着。山羊大概觉得它们非常好吃吧！

如果是大松树，羊就不敢触碰了，因为大松树会把羊戳得皮破血流！

森林通讯员/维利卡

大家一起捉强盗

从林子里飞来成群结队的黄篱莺。从这棵树飞到那棵树上，从这棵灌木飞到那棵灌木上，它们在每一棵树上、每一棵灌木中，上蹿下跳，飞来飞去，把每个角落都仔仔细细搜寻了一遍。把树叶背后、树皮上、树缝里的青虫、甲虫或蝴蝶飞蛾，都弄出来吃掉。

突然，一只小鸟儿惊惶地叫了起来。所有的小鸟儿马上警惕起来，只见树底下有一只凶恶的貂，正偷偷地向这边爬。它藏在树根之间，一会儿露出乌黑的脊背，一会儿隐没在倒在地上的枯木间。它的身子细长，就像条蛇似的在扭动着，两只狠毒的小眼睛，在阴暗中射出火星似的凶光。

于是，四面八方的小鸟儿全都叫起来了，这一群篱莺全体匆匆忙忙离开了那棵大树。

白天还有办法，只要有一只鸟发现敌人，整群的鸟都可以逃脱，可是到了夜晚，小鸟儿躲在树枝下睡觉，敌人却没有睡觉！猫头鹰用软软的翅膀拨着空气，悄无声息地飞过来，看准小鸟儿在什么地方，就用爪子去抓！睡得迷迷糊糊的小鸟儿，吓得惊慌失措地四处乱窜。可是有两三只却被抓去了，在强盗的铁爪中挣扎着。天黑的时候，可真糟糕！

这会儿，这群小鸟儿从一棵树飞上另一棵树，从一丛灌木飞上另一丛灌木，径直钻到了森林深处。这些身子轻巧的小鸟儿，穿过密密层层的树叶，钻进了最隐蔽的角落。

在茂密的森林里，有一根粗大的树桩子，树桩子上有一簇奇形怪状的木耳。

一只篱莺飞到木耳跟前，想看看那里有没有蜗牛。

突然，那木耳的灰茸茸的帽儿掀起来了，只见那下面有一双圆溜溜的眼睛，一闪一闪的。

篱莺这才看清那一张猫儿似的圆脸，脸上有一张钩子似的弯嘴巴，原来是一只猫头鹰。

篱莺吓了一跳，赶忙向旁边一闪，尖声高叫起来，整群小鸟儿都跟着骚动起来了，可是一只小鸟儿也没有逃走。大家集合起来，把那个可怕的树桩子团团围住。

猫头鹰怒气冲冲地把钩子嘴巴一张一合，吧嗒吧嗒地响着，好像在说："哼！找上我啦！不让我好好睡觉！"

已经有许多小鸟儿听见篱莺的警报，也从四面八方飞过来了。

准备捉强盗！

身段灵巧的山雀从灌木丛里跳了出来，勇敢地投入了战斗。才一点儿大的黄脑袋戴菊鸟，也从高大的云杉上飞了下来。它们就在猫头鹰的眼前飞绕，不住地打着盘旋，冷嘲热讽地向它叫道："来呀！你来抓我们呀！尽管追过来！捉住我们呀！大白天里你倒试试看！你这个该死的夜游神，强盗！"

猫头鹰只把嘴巴弄得吧嗒吧嗒响，眼睛一眨一眨的，可是在大白天里，它也无计可施啊！

鸟儿还在络绎不绝地飞来。篱莺和山雀的尖叫、喧嚣，引来了一大群胆大力壮的林中老鸦——淡蓝色翅膀的松鸦。

这下可把猫头鹰吓坏了，它赶紧扇动着翅膀，准备溜之大吉。赶紧逃，保全性命要紧，不赶快逃走，会被松鸦给啄死。

松鸦紧跟在猫头鹰的后面追，一直把它追出了森林。

今晚，篱莺们可以安稳地睡一觉了。这样大闹一场后，估计猫头鹰会有一段时间不敢回到老地方来了。

草莓红了

在森林的边缘，草莓红了。鸟儿找到了红色的草莓果，衔着飞走了。它们会把草莓的种子散播到很远很远的地方。可是有一部分草莓的后代，仍留在原来的地方，和亲生母亲并排长在一起。

看，在这一棵草莓旁，已经出现了匍匐在地上的细茎——藤蔓。藤蔓的梢儿上，是一棵小小的新植株：一簇丛生的小叶子和根的胚芽。这里又是一棵。在这同一棵藤蔓上，有3簇丛生的小叶子。第一棵小植株已经扎根了，其余2棵——梢头上的还没发育好。藤蔓从母本植株向四面八方爬去。要找带着去年的子女的老植株，就得在这一带野草稀疏的地方找。比方说这一棵吧：中间是母本植株，周围一圈圈是它的小孩子，一共有3圈，每一圈有5棵。

草莓就这样一圈一圈地向四面扩展，占据了土地。

森林通讯员／尼·巴甫洛娃

胆小的狗熊

一天夜里，猎人很晚才从森林里走出来，回到村庄。他走到了燕麦田边，看见燕麦里有一个黑漆漆的东西，在打着转转。那是什么东西呀？

难道是牲口闯到不该去的地方了？

仔细一看——天哪！原来是一只大狗熊。狗熊是熊的一种。它肚皮朝下趴在地上，用两只前掌接住一束麦穗，压在身底下吸吮着。它得意地舒舒坦坦地享受着。看来，燕麦浆正合它的胃口。

猎人没有带枪弹，身边只有一颗用来打鸟的小霰弹。可是，这猎人是个勇敢的小伙子。

他心想："管他打得死还是打不死，放他一枪再说，总不能让熊糟蹋集体农庄的麦田呀！不治治它，它是不会离开的。"

他装上霰弹，朝狗熊放了一枪，正好就响在傻大熊的耳朵边。

这一声巨响，把丝毫没有防备的狗熊吓得猛地蹦得老高。狗熊像只鸟儿似的蹿进了麦田边上的一丛灌木。

蹿过去后，狗熊翻了个大跟头，爬起来，头也不回地向森林里跑去了。

猎人看到狗熊这么胆小，觉得很搞笑。他笑了一阵，便回家去了。

第二天，他想："得去看看田边上的麦子给狗熊糟蹋了多少。"他来到昨天那个地方一瞧，一路上都有熊粪的痕迹，一直通到森林里，原来昨天狗熊吓得泻肚子了。

他循着痕迹找了去，只见狗熊死在了那里！

阅读理解

又称黑熊，哺乳动物。身体肥大，会游泳，能爬树。黑熊对人类的惧怕远远超过人类对它们的恐惧，因此黑熊一般都会远离人类。它们通常只在感到威胁或保护幼子的情况下才会袭击人类。

如此说来，竟把它给吓死了。这可是森林里最强大、最可怕的野兽呢！

夏天的"雪花"

就在昨天，我们这里的湖上，"雪花"纷飞。轻飘飘的鹅毛大"雪"在空中飞舞着，眼看要飘落到水面上，却又腾空升起，回旋着，回旋着，从空中飘落下去。晴朗无云，太阳光很强烈，热空气在滚烫的阳光下徐徐流动，一点儿风也没有，可是湖上却大"雪"纷飞！

到今天早上，整个湖面上、湖岸上，都撒满了一片片干巴巴的"雪花"。

这"雪"下得可真奇怪：灼热的太阳晒不化它，也不能把它照得闪闪放光。这种"雪花"是暖的，是脆的。

我们走过去看，待走到岸边时才明白，这才不是雪呢，是成千上万有翅膀的小昆虫——蜉蝣。

蜉蝣是昨天从湖水里飞出来的。它们在黑洞洞的湖底住了整整3年呢！那时，它们还是些模样怪丑的小幼虫，在湖底的淤泥里成群地蠢动着。

它们是靠吃淤泥和臭烘烘的水苔长大的。它们3年——整整1000多天都是呆在黑暗里的，从来没见过太阳。

昨天，那些幼虫爬上了岸。它们脱掉身上丑陋的幼虫皮，展开轻巧的翅膀，拖出3条尾巴——3条又细又长的线，升到了空中。

它们的寿命短得可怜——只有一天，在空中尽情地回旋跳舞、寻欢作乐，因此，人们称它们是"短命鬼"。

整整一天，它们在阳光中跳舞，像些轻盈的雪花似的飞翔、旋转。雌蜉蝣降落到水面，把它们那很小的卵产在水里。

阅读理解

运用了比喻的修辞手法，文章一开头就留下一个悬念：夏天怎么会下雪呢？ 开篇便引起了读者的兴趣。

到夕阳西下、夜幕降临的时候，湖岸和水面上落满了蜉蝣的尸体。

蜉蝣的卵将孵化成幼虫。幼虫又将在黑暗的湖底度过整整3年，然后变成快活的"短命鬼"，展开雪白的翅膀在湖水的上空飞翔。

处在保护中的白野鸭

一群野鸭落在了湖的中央。

我站在岸上观察它们。那是一群生着夏季羽毛的纯灰色雄野鸭和雌野鸭。我惊讶地看到它们里面有一只浅颜色野鸭，它老是呆在野鸭群的中间，显得那么耀眼。

我拿起望远镜，仔细研究起它来。它浑身上下、从头到尾都是浅奶油色的。当清晨明亮的太阳，从乌云后探出头来时，它突

然变得雪白雪白的，白得晃眼睛，在那一群深灰色的同类之中，非常突出。其他地方，它和别的野鸭毫无区别。

我已经从事打猎50年了，还是第一次看到这种患色素缺乏症的野鸭。患这种病的鸟兽，血里缺乏色素。它们一生下来，就是浑身雪白，或者颜色非常淡，一辈子都是这样。自然界里动物的保护色，是具有救命意义的，可它们却没有保护色。鸟兽要有保护色，才能在它们居住的地方不那么显眼呀！

这只野鸭可真了不起，不知道是什么奇迹，叫它避免了死在猛禽的利爪下。我当然很希望打到它。不过，现在可不行，因为这群野鸭所以落在湖心休息，就是为了让人没法走近前去放枪。这简直搞得我心神不宁起来——只好等机会，看什么时候在岸边遇到那只白野鸭了。

我没想到，这么快就让我等到了这个机会。

有一天，我正沿着这湖窄窄的水湾走着，突然从草丛里飞出几只野鸭，其中也有那只白野鸭。我举起枪，朝它就放。但是，在开枪的一刹那，白野鸭被一只灰野鸭给挡住了。灰野鸭被我的霰弹打伤，掉了下来。白野鸭却和别的野鸭一起逃走了。

这难道是偶然的吗？当然！不过，在那年夏天，我在湖中心和水湾里，还看见过这只白野鸭好几次。它总是由几只灰野鸭陪伴着，好像它们在护送白野鸭。那么，猎人的霰弹当然会打在普通灰野鸭身上了，白野鸭却安然无恙地在它们的保护下飞走了。

反正我一直没打着它。

这件事发生在诺夫戈罗德省和加里宁省的交界处的皮洛斯湖上。

森林通讯员／维·比安基

名家点拨

    大自然就是一本学不尽的百科全书，在它那儿发生的奇妙的事情真是层出不穷。作者用他的敏锐和细心，让我们观览了一部精彩的百科全书，真是受益匪浅哪！令我们在学到知识的同时又获得了无穷的乐趣。

绿色的朋友

名家导读

又到了教大家植树造林的时间了，大家知道造林要选哪些树苗吗？知道机器如何造林吗？知道如何保护树林吗？如果还不是很清楚的话，就赶紧一起去瞧瞧吧！

造林用什么树

你们知道应该用哪些树来造林吗？

我来告诉你们：为了造林已选好了16种乔木和14种灌木，这些树木，在全国各地都可以栽种。

以下这些树木是最主要的树木：栎树、杨树、梣树、桦树、榆树、槭树、松树、落叶松、桉树、苹果树、梨树、柳树、花楸树、洋槐、锦鸡儿、蔷薇、醋栗等。

所有的孩子都需要知道这件事，而且要牢牢地记住，为了开辟苗圃，需要采集什么植物的种子。

森林通讯员／彼·拉甫罗夫　谢·拉利奥诺夫

机器种树

得种很多很多的树木，光靠双手来栽种，可忙不过来。

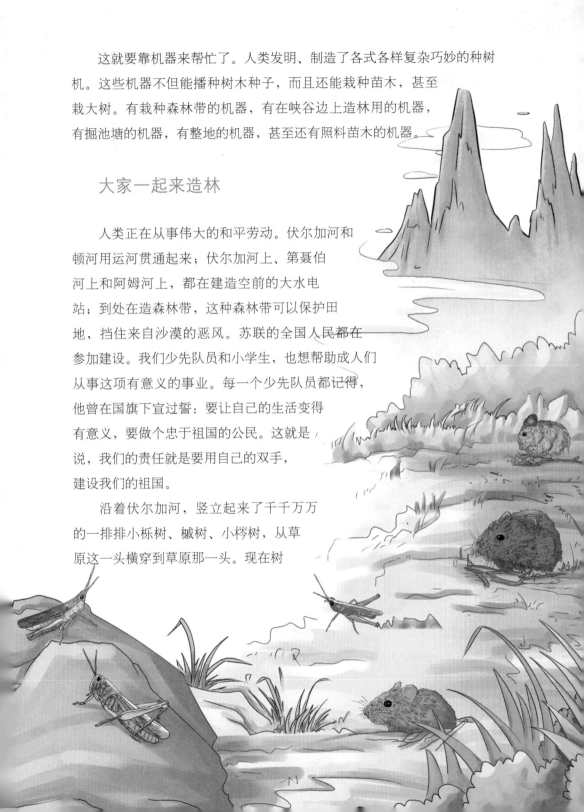

这就要靠机器来帮忙了。人类发明、制造了各式各样复杂巧妙的种树机。这些机器不但能播种树木种子，而且还能栽种苗木，甚至栽大树。有栽种森林带的机器，有在峡谷边上造林用的机器，有掘池塘的机器，有整地的机器，甚至还有照料苗木的机器。

大家一起来造林

人类正在从事伟大的和平劳动。伏尔加河和顿河用运河贯通起来；伏尔加河上、第聂伯河上和阿姆河上，都在建造空前的大水电站；到处在造森林带，这种森林带可以保护田地，挡住来自沙漠的恶风。苏联的全国人民都在参加建设。我们少先队员和小学生，也想帮助成人们从事这项有意义的事业。每一个少先队员都记得，他曾在国旗下宣过誓：要让自己的生活变得有意义，要做个忠于祖国的公民。这就是说，我们的责任就是要用自己的双手，建设我们的祖国。

沿着伏尔加河，竖立起来了千千万万的一排排小栎树、槭树、小桦树，从草原这一头横穿到草原那一头。现在树

苗还小，它们还没长结实，每一棵树苗都还有许多敌人——害虫、小啮齿动物和热风。

我校的共青团员和少先队员们决定帮助成人们保护小树，不叫它们受到敌人的侵害。

我们知道，一只椋鸟一天可以消灭200克的蝗虫。如果这种鸟住在森林带附近的话，它们就会给森林带来很大的益处。我们和乌斯契·库尔郡、普里斯坦等地的少先队员们，一共制造了350个椋鸟房，都挂在年幼的森林带附近了。

金花鼠和其他啮齿动物对小树的害处非常大。我们将要和农村里的小朋友们一起消灭金花鼠：往它们的洞里灌水，用捕鼠机捉它们，我们将要制造一些捉金花鼠用的捕鼠机。

我们省的集体农庄将负责补栽护田林带中未成活的小树。因此，庄员们需要大批的林木种子和树苗。今年夏天，我们将收集1吨种子。乌斯契·库尔郡和普里斯坦各学校，都将开辟苗圃，为护田林带培育栎树、槭树以及其他各种树木的苗木。我们将要和我们的农村小朋友们一起组织少先巡逻队，保护林带，不叫它受到践踏、破坏和发生火灾。

当然，这都是少先队员应该做的最起码的事。可是，如果全国的少先队员和小学生都照着我们那样做，那我们就可以为祖国做许多的好事。

萨拉托夫城第63班男校学生

小小的苗木圃

我们少先队也参与了造林工作。我们收集了各种林木的种子，把它们交给我们的集体农庄和护田造林站。我们在校园里也开辟了一个小小的苗木圃，栽种了橡树、枫树、山楂、白桦、榆树等。这些树的种子，全都是我们自己采集的呢！

少先队员／嘉·斯米尔诺娃　尼·阿尔卡吉也娃

 名家点拨

　　植树造林是新造或更新森林的生产活动。通过植树造林可以保护我们的环境；植树造林能防风固沙；植树造林能清除空气污染；植树造林还能减少噪声，美化环境，保持生态平衡，为人类提供理想的学习、工作、娱乐和生活的场所。森林是自动的调温器，是天然的除尘器，所以我们大家都要行动起来，加入植树造林的行列，本作品的作者也正是这个意图。

林中大战（续前）

名家导读

林中大战又开始了，在上一次的战争中，我们看到小白桦和小白杨已经占了下风，而云杉正慢慢发挥它强大的力量，那么在第四块采伐地究竟发生了什么呢？让我们跟着记者去一探究竟吧！

大约30年前，第四块采伐地被砍光了。我们的记者在那儿采访到了这样的消息。

弱小的小白桦和小白杨，都死在了强大的云杉手里。这时，在丛林的下面一层，剩下的云杉还活着。

当云杉在阴影里悄悄发育的时候，高大健壮的白桦和白杨还继续在上面大吃大喝，吵嘴打架。又要重复那句话：哪一棵树长得比旁边的树高一些，就成了胜利者，冷酷无情地把旁边的树欺压死。

战败者干枯后倒了下去。这样，就在树叶帐篷顶上出现一个窟窿，阳光就像暴雨一样，从那里直泻而下，冲入地窖，径直落在小云杉的头上。

小云杉被阳光吓到了，于是生病了。

得过一段时间，它们才能对光习惯。

它们总算慢慢地恢复过来，把身上的针叶换掉了。以后，它们就开始飞快地蹿高，搞得它们的敌人来不及补好它们头上的破帐篷。

这些云杉是幸运的，最先长到跟高大的白桦、白杨一样高。其他强壮、多刺的云杉，也跟在它们后面，把长矛似的尖梢伸到上层来了。

麻痹大意的胜利者——白杨和白桦——让多么可怕的敌人住到自己的地窖里来了，这时候云杉才暴露出来。

我们的记者亲眼看见了这些仇敌之间的白刃战，实在是可怕啊！

狂烈的秋风刮来了。秋风使挤在这里的所有的林木兴奋起来了。阔叶树扑到云杉身上，用它们的长手臂——树枝，拼命地打敌人。

就连平时只会发抖和窃窃私语的、胆小的白杨，都稀里糊涂地挥舞起树枝来，想扭住黑黝黝的云杉，折断它们的针叶树枝。

只是白杨并不是好战士。它们一点儿弹力也没有，它们的手臂不坚韧。强大的云杉才不怕它们呢！

白桦和白杨不一样。它们的身体非常强壮，力气大又柔韧。就是刮过一阵小风的时候，它们那富于弹性的、弹簧似的手臂，都会摆动起来。白桦一晃身子，那周

围的所有的树木都得当心，因为它撞起来可是很厉害的。

白桦和云杉开始了肉搏战。白桦用柔韧的树枝鞭打云杉的树枝，抽断了一簇簇的针叶。只要白桦一扭住云杉的针叶树枝，云杉的那根树枝就干枯了；只要白桦撞破云杉干上的一块皮，那棵云杉的树顶就全枯萎了。

云杉抵御得住白杨，可是它们抵御不住白桦。云杉是一种坚硬的树木。虽然它们不容易断，却也不容易弯，它们那直挺挺的针叶树枝，挥舞不起来。

林中大战的结果，我们的记者没有看到：他们得在那里住上很多年，才能看见结果。因此，他们就动身去寻找林中大战已经结束的地方了。

他们将去哪儿呢，下一期《森林报》我们将会报道。

 名家点拨

此章与前文前后呼应，每一个月的林中大战都与上一场和下一场有着很紧凑的联系。云杉的命运到底如何呢？我们还要在下一部《森林报》中才能得知。可是，不管怎样，人类都能从植物身上学到很多可贵的品质，这也正是这部作品的魅力所在。

农场趣事

名家导读

8月，农场忙得不可开交。庄员们收割完了黑麦，收割小麦；收割完了小麦，收割大麦；收割完了大麦，收割燕麦……忙得连睡觉的时间都没有，今年又是一个大丰收啊！可是，在这么忙的季节里，我们的农场还是发生了很多可乐的事哦！

农场更忙了

我们这儿的集体农庄里，庄稼都快要收割完了。现在田里的农活做都做不完。收割下来的头一批最好的粮食，是交给国家的。每一个集体农庄首先都把自己的劳动果实交给国家。

庄员们收割完了黑麦，收割小麦；收割完了小麦，收割大麦；收割完了大麦，收割燕麦；收割完了燕麦，就要收割荞麦了。

从各集体农庄到火车站的途中，车水马龙，一辆辆大车上都满装着集体农庄收获的粮食。

拖拉机老是在田里轰隆轰隆作响：秋播作物已经播种完毕，现在正在翻耕土地，准备明年的春播。

夏季的浆果都摘完了，可是果园里的苹果、梨和李子才刚刚熟。林子里有的是蘑菇。在铺满青苔的沼泽地上，蔓越橘发红了。农村的孩子们在用棍子打一串串沉甸甸的山梨。

田公鸡——山鹑，一家老少都很可怜：起先它们从秋播庄稼地搬到了春播庄稼地；现在又得从这块春播庄稼地搬到那一块春播庄稼地里去。

山鹑躲进了马铃薯地里。因为在那里，谁也不会惊动它们。

不过，现在集体农庄庄员们又到马铃薯地里来挖马铃薯了。马铃薯收割机出动了，孩子们点起了篝火，在地里搭起了小灶，就在那里烤马铃薯吃。每一个人的脸都抹得漆黑的，像黑小鬼儿似的，叫人看了害怕。

灰山鹑只好又从马铃薯地里跑出来，飞走了。它们的雏鸟现在已经长大了。现在政府也许可猎人打猎了。

它们得找个地方藏身，觅食。可是，去哪儿呢？各处田里的庄稼都已经收割了。不过，这时候秋播的黑麦已经长得很高了。这令它们有吃的了，有地方躲避猎人的枪了。

聚精会神的猫头鹰

8月26日这一天，我赶着一辆运送干草的大车，走着走着，看到一堆枯树枝上歇着一只大猫头鹰，两只眼睛老盯着树枝堆。我心里想：真是奇怪！猫头鹰离我这么近，怎么不飞走啊！我把车停住，下车走上前去，捡起一根树枝，朝猫头鹰扔过去。猫头鹰这才飞走了。它刚一飞走，就从枯树枝堆底下飞出几十只小鸟。原来它们藏在那里，避过了它们的敌人——猫头鹰。

森林通讯员／列·波利索夫

杂草被骗了

田里只剩下了刚毛似的麦秆，杂草埋伏在其中，杂草是田地的敌人，它的种子落在地上，长长的杂草根茎藏在地下。它们在等春天的来临。春天，人把地一翻耕完，种上马铃薯，杂草就开始活动起来，开始妨害马铃薯的生长。

集体农庄庄员们决定使个计策，欺骗一下杂草。他们把粗耕机开到田里去。粗耕机把杂草种子翻到土里去了，把杂草根茎切作一段段。

杂草还以为是春天到了，因为那时天气挺暖和，土又松软。于是它们就发芽生长起来了。种子发芽了，根茎也发芽了，田地变成了一片绿色。

这可把人们乐坏了！等杂草长出来以后，秋末，他们再把地耕一遍，把杂草翻一个底儿朝天。这样在冬天它们就会冻死。杂草呀！杂草！你们别想欺负我们的马铃薯！

虚惊一场

森林中的鸟兽们有些惊慌失措，因为在森林边缘上出现了一群人，他们在往地上铺干的植物茎。嗬！这准是一种新式的捕鸟捕兽器！林中居民的末日就要到了！

其实，不过是一场虚惊罢了，原来人到这儿来，完全是出于好意。他们是集体农庄庄员。他们是往地上铺亚麻，铺成薄薄的一层，一行一行非常整齐，亚麻留在这里经受雨水和露水的浸润。经过这一番程序以后，亚麻茎里的纤维就容易取出来了。

猪口兴旺

在集体农庄，母猪杜希加生了26个孩子。在2月里刚向它道过喜呢，那时它生了12个孩子。好一个猪口兴旺的家庭！孩子可真不少啊！

黄瓜的抱怨

阅读理解
作者运用拟人的手法，借黄瓜的抱怨写出了它们受欢迎的程度。

在黄瓜田里的黄瓜们吵吵嚷嚷："为什么庄员们隔三差五地到我们这里来，把咱们的绿颜色青年都采走了？叫它们安安静静地成熟，不行吗？"

可是庄员们只留下少数黄瓜当种子，其余的趁绿就都采走了。绿黄瓜嫩而多汁，很好吃。一成熟，就不能吃了。

它们的帽子

森林中的空地上和道路两旁，长出了油蕈和棕红蘑菇。松林里的棕红蘑菇是最好看的——颜色火红火红的，矮矮胖胖，结结实实，帽子上有一圈圈的花纹。

孩子们说，这种帽子的样式，棕红蘑菇是从人这儿学去的——它们的帽子确实很像草帽。

油蕈就不一样了。它们的帽子跟人的帽子一点儿也不一样。别说是男人，就是年轻姑娘，为了赶时髦，都不会去戴这种帽子。要知道，油蕈的帽子黏糊糊的，实在无法让人产生好感呀！

蜜蜂去哪了

有一群蜻蜓飞到集体农庄的养蜂场捉蜜蜂吃。让蜻蜓们大失所望的是，养蜂场里没有蜜蜂。原来7月中旬以后，蜜蜂就搬到林中盛开的帚石楠花丛里去住了。

它们将在那里酿制黄澄澄的帚石楠蜂蜜。等帚石楠花谢了，它们就会搬回来。

尼·巴甫洛娃

名家点拨

8月，农场变得更忙碌，人们都沉浸在丰收的喜悦中，同时，我们也看到了劳动人民的勤劳与智慧，是他们让我们体会到劳动的乐趣与可贵。我们要向广大的劳动人民学习，学习他们的勤劳，学习他们勇于创新的精神。

狩 猎

名家导读

雏鸟都长大了，政府早已经开禁了，这下我们的猎人们可以好好地打猎了。瞧！猎人们带上了自己的老朋友——猎狗去森林了。他们都猎到了些什么？是不是有不少的收获呢？他们有哪些奇思妙想来对付那些越来越聪明的飞禽呢？

去森林打猎

8月，一个清新的早晨，我与塞索伊奇一起去森林打猎。我的那两条短尾猎狗——杰姆和鲍依——欢天喜地地叫着，直往我身上跳。而塞索伊奇有一条很漂亮的长毛大猎狗——拉达。它把两只前腿搭在它的矮小主人的身上，舔了一下主人的脸。

"去，你这小淘气！"塞索伊奇用袖子擦擦嘴唇，假装生气的样子。

于是，3条猎狗已经离开我们，从割过草的草场上飞奔而去。美丽的拉达迈开矫捷的大步子狂奔起来，只见它那白色带黑斑的花皮袄，在碧绿的灌木丛后忽隐忽现。我的两条短腿猎狗，像受了委屈似的汪汪叫着，拼命追赶，可怎么也追不上。

让它们快活快活吧！

我们来到了一座灌木林边。我打了个呼哨。杰姆和鲍依就跑回来了。它们在旁边走来走去，嗅着一棵棵灌木和一个个草墩。拉达在我们前面穿梭似的窜来窜去，一会儿从左边在我们面前闪过，一会儿又从右边在我们面前闪过。跑着，跑着，它突然站住不动了。

它好像撞在一道看不见的铁丝网上似的，僵在那儿，一动不动，保持着刚才中止奔跑时的那个姿势：头微微向左偏，脊背有弹性地弯着。左前腿抬起，尾巴伸得笔直，像根大羽毛似的。

不是铁丝网，而是一股野禽的气味止住了它的奔跑。

"你打吧？"塞索伊奇向我说。

我摇摇头。我把我的两条小狗叫了回来，吩咐它们躺在我的脚旁，免得它们碍事儿，把拉达指示的猎物给赶跑了。

塞索伊奇不慌不忙地走到拉达身旁站住，从肩上取下猎枪，扣上了扳机。他不忙着指挥拉达往前走。他大概和我一样，也爱看猎狗指示猎物的那个动人的画面，那个克制自己的满腔热情和兴奋的优美姿势吧！

"往前走吧！"塞索伊奇终于说话了。

拉达动也不动。

这里有一巢琴鸡。塞索伊奇又命令狗往前走，拉达刚往前迈了一步，扑扑扑一阵响，从

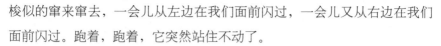

灌木丛里飞出几只棕红色的大鸟。

"拉达，往前走！"塞索伊奇把命令重复了一遍，一面端起枪来。

拉达很快地向前跑去了，兜了半圈，又站住不动了。这回是在另一棵灌木旁。

那儿有什么？

塞索伊奇又走到它跟前，吩咐道：

"往前走吧！"

拉达朝灌木丛扑了一下，然后绕它跑了一圈。

灌木丛后面，空中出现了一只个头儿不太大的棕红色鸟儿。它无精打采地、笨拙地挥动着翅膀。它的两只长脚好像受了伤似的，晃晃荡荡地拖在身后。

塞索伊奇放下了猎枪，气冲冲地叫回了拉达。

原来是一只秧鸡啊！

阅读理解

形状似鸡，翅短圆，尾短，脚大，趾长，多栖息于水边或附近的芦苇丛、灌木丛或水稻田中，觅食植物种子或谷物，兼食昆虫。

这种草地上的野禽，春天在牧场上发出刺耳的叫声，那时候猎人倒还爱听，可是在打猎的季节里，猎人就开始讨厌它了：它会在草丛里乱钻，叫猎狗没法指示方向——猎狗闻到它的气味，刚摆好姿势，它却早在草丛里偷偷地溜走了，叫猎狗白费劲。

又过了一会儿，我就和塞索伊奇分手了，约好在林中小湖边见面。

我沿着一条狭窄的溪谷走着，溪谷中绿草如茵，两边的高冈树木丛生。咖啡色的杰姆和它的儿子——黑白棕三色的鲍依兴奋地跑在我前面。我随时得准备好放枪，两只眼睛老得盯住它们俩，因为这种猎狗是不会指示方向的，它们随时可能把野禽撵出来。它们往每一丛灌木里乱钻，一会儿隐没在高大茂密的草丛里，一会儿又出现了。它们那螺旋桨似的尾巴，一刻不停，飞快地忙碌着——那短短的一截尾巴老在摇来摆去。

这种猎狗不能让它们长出长尾巴来，如果它的尾巴太长，那么尾巴打在青草和灌木上，噼里啪啦的，动静该有多大啊！而且它们的尾巴，不被灌木撞得磨破皮才怪。因此，当这种猎狗出世还只有3个星期的时候，主人就把它们的尾巴剁掉，以后就不会再长了。只留下这么短短的一截，一把就可以握住。这截尾巴是为了防备万一的：如果它陷在泥泞地里，就可以抓住这截尾巴把它拖出来。我死死地盯住两条猎狗，自己也不清楚，怎么会同时还看得见周围的一切，看得见无数美妙的新奇事物。

我看到太阳已经升到树梢的上面，照得青草和绿叶间出现一缕缕、一圈圈的金黄色阳光；我看到草丛和灌木上，到处闪烁着蜘蛛网，像一根根极细的银线；我看到松树干奇形怪状地弯曲着，好像一把巨大无比的椅子——这么大的椅子，童话里的森林之魔才配坐。可是，哪儿有森林之魔呢？在那个"座位"上的小坑里，积起了一汪水，旁边有几只蝴蝶在翩翩起舞。

阅读理解
运用了排比和比喻的修辞手法，用一系列的排比和比喻描绘出森林的美丽景象。

两条猎狗喝水去了，我也有些渴了。我脚旁的一张有卷边的阔叶绿草上，有一颗露珠闪闪发光，活像一颗价值连城的大金刚钻。

我小心地弯下腰——可别碰洒了呀！我轻轻地采下这片有卷边的阔叶草，连同阔叶草里的一滴水——世界上最纯净的一滴水。这滴水爱惜地吸收了朝阳的全部喜悦。

嘴唇一碰到毛茸茸、湿漉漉的阔叶草，清凉的露珠就滚到了干燥的舌尖上。

杰姆突然叫了起来："汪，汪，汪汪汪！"我立刻丢下那片曾给我解渴的阔叶草，让它飘落到地上。

杰姆汪汪地叫着，沿溪岸跑去。它那螺旋桨似的尾巴，甩得更快、更有劲儿了。

我赶忙向溪边走去，想赶到狗的前面去。

可已经来不及了：有一只鸟，刚才一直没被我们发觉，现在它轻轻拍打着翅膀，从盘曲的赤杨树后面飞了起来。

那在赤杨树后笔直地往上飞的是一只野鸭。我慌了神，举起

枪，还没瞄准，就开了一枪，霰弹穿过树叶向它打去。野鸭掉到溪水里去了。

这一切，发生得太快了，简直好像我根本没开过枪似的，好像我是用魔法击中了它，只转了这么一个念头，它就掉下来了。

杰姆已经到了溪水里，把猎物衔上岸来了。杰姆顾不得抖搂身上的水，把野鸭牢牢地叼在嘴里，给我送了过来。

"谢谢你，好宝贝！"我弯下身子，抚摸着杰姆。

可这时候，它抖起身子来，溅了我一身的水星子。

"嗨！没礼貌的家伙！躲开点！"

杰姆这才跑开了。

我把野鸭的嘴巴尖用两个手指头捏住，把它提起来掂掂分量。真沉！好家伙！它的嘴巴挺结实，经得起这么重，没有断掉。这么看来，这是只成年的野鸭，决不是今年新孵出来的。

两条猎狗，又汪汪叫着向前跑去了。我急忙把野鸭挂在弹药袋的背带上，赶紧跟上去，一边走，一边重新装上弹药。

狭窄的溪谷渐渐地开阔起来：一片沼泽直达高冈的斜坡脚下，只见一座座草墩、一簇簇香蒲。

杰姆和鲍依在草丛里钻来钻去。它们在那儿发现了什么吗？

一下子，好像全世界都融合在这一片小小的沼泽里了。我作为猎人唯一的愿望就是，想快一点看见两条狗在草丛里嗅到的是什么东西，将有什么野禽从草丛里飞出来，可千万别把它放跑呀！

我那两条短腿猎狗，钻在繁茂的香蒲里，看不见了，只有它们的耳朵，像翅膀似的，在香蒲

里一会儿在这儿一扬，一会儿又在那儿一扬：它们在做"搜索跳跃"——跳起身来，才能看清楚近旁的猎物。

只听见噗的一声——活像把皮靴从泥地里往外拔时的那种声响——从草墩上飞起一只长嘴沙锥。它飞得很低，迅速地曲折前进。

我瞄准就是一枪。可它还在那里飞。

它盘旋了一会儿，然后伸直两条腿，落在了离我不远的一个草墩下。它站在那里，直溜溜的嘴巴支在地上，好像一柄剑。

离得如此近，而且动也不动地呆着，我倒不好意思打它了。

这时，杰姆和鲍依已经跑过来了。它们又把它撵起来了。我用左枪筒放了一枪，又没打中！

呀！真是糟糕！我打猎打了30年，这辈子少说也打了几百只沙锥，可是一看见野禽飞起来，心里还是会发慌。这回又慌张了。

唉，没有办法呀！现在得去找几只琴鸡了，要不然塞索伊奇看见我打到的野禽，会瞧不起我，笑话我的。城里的猎人把沙锥当作一种最好的野味儿，一道可口的菜，农村里的人可不把它看在眼里——这么一点点大的小鸟，当得了什么用！

在高冈后的什么地方，传来了塞索伊奇的第三声枪响。这会子，他起码已经打到5公斤的野味儿了。

我趟过小溪，爬上陡峭的斜坡。从这里居高临下，往西可以看到很远的地方：那里有一大片砍掉了树木的空地，再过去是燕麦田。喏，那不是拉达一闪蹿了过去吗！那不是塞索伊奇吗！

啊！拉达突然站住了！

塞索伊奇走了过去，瞧！他放枪了：砰！砰——双管齐发。

他走过去捡猎物了。

我也不该发傻了。

两条猎狗跑到密林里去了。我有这么个规矩：如果我的狗进了密林，我就顺着林中砍去树木的空地走去。

空地很宽阔，鸟儿飞过它的时候，可以尽情地开枪。只要狗把它往这边撅就成了。

鲍依汪汪叫了几声，杰姆也跟着叫起来了。我急急往前走去。

现在我已经到了猎狗前边。它们在那里磨蹭什么？那里一定有琴鸡。我知道琴鸡的脾气——自己飞到高处去，引得猎狗老往前跑。

果真如此：琴鸡冷不防冲出来了，乌黑乌黑的一只琴鸡，黑得像一块焦炭。它沿着空地一直疾飞而去。

我端起双筒枪，赶上前去，双管齐发，开了一枪。

它却拐了个弯，消失在高大的树木后面了。

难道，我又没打中？这不可能呀！好像我瞄得挺准的呀！

我又打了个呼哨，把两条狗叫到身边，走进了琴鸡消失的那个林子。我找了一阵，两条狗也找了一阵，可怎么也找不着。

唉！真可恼，今天真不是个好日子！可是有什么好怨的呢？猎枪是地地道道的，弹药是亲手装的。

我再找找看，也许到了小湖上，运气能好一些。

我回到了空地上：离空地不远——约莫有半公里——就有一个小湖。这时候，我的情绪糟糕透了，两条狗也不知道跑到哪儿去了，怎么招呼也招呼不回来。

去它们的吧！我一个人走算了。

可这时，鲍依不知又打哪儿钻出来了。

"你去哪儿了？你以为你是猎人，我是你的帮手，只管替你放放枪还是怎么的？那好吧，你把枪拿去，自己放枪去吧！怎么？你不会吗？喂！你干吗四脚朝天躺在地上呀？道歉哪！瞧你的样子！往后听话点儿！总而言之，你们这些短腿猎狗都是蠢东西。长毛大猎狗可不像你们，它们会指示猎物。"

"要是带拉达打猎，事情就容易了。那样，我也可以百发百中的。飞禽在拉达跟前，就好像给绳子拴住了似的。那么，打中

它有什么困难呢?"

　　就在这时,在树干的后面,闪现出了银色的湖面。我这颗猎人的心又充满了新的希望。

　　湖边长满了芦苇。鲍依已经扑通一声跳下了水,向前游着,把高高的绿色芦苇碰得左右摇摆。

　　鲍依"汪汪"地叫了几声,马上从芦苇丛里飞出一只野鸭,"呷呷"地叫着。

　　我赶忙开了一枪,野鸭刚飞到湖中心上空,就中了我的枪弹。长长的脖子一下子耷拉了下来。野鸭啪嗒一声掉进水里,肚皮朝天浮在水上,两只红脚掌在空中乱划。

　　鲍依迅速地向它游了过去。现在它张开嘴想咬住野鸭,可是野鸭突然钻进水里去,消失了。

　　鲍依被弄得莫名其妙:野鸭去哪儿啦? 鲍依在那儿转来转去,可是野鸭还没有出现。

　　忽然狗也钻进水里去了。这是怎么了? 它让什么东西给绊住了吧? 沉到湖底去了吧? 这可如何是好?

　　野鸭浮上了水面,慢慢向湖边游了过来。它游的姿势真奇怪:侧着身子,脑袋浸在水里。

　　咦! 原来是鲍依把它衔着呢! 鲍依的头被野鸭挡住了,

所以才看不见。真是了不起！它竟钻进水里去，把猎物叼回来了。

"真是不错呀！"传来了塞索伊奇的声音。他悄悄地从我背后走过来了。

鲍依游到了草墩旁，爬了上去，放下野鸭，抖了抖身子。

"鲍依！你也真不害臊！马上叼起，送到这里来！"

真不听话，它对我的话不理不睬！

这时候，杰姆不知道从哪里跑过来了。它游到草墩旁，对儿子怒喊了一声，然后衔起野鸭就给我送过来了。

它抖了抖身子，又跑到灌木丛里去了。它从灌木丛里叼出一只死琴鸡，这可真是件意外的喜事！

怪不得老伙计半天没露面：原来它是去林子里找琴鸡了呀！也说不定它是在追踪那只被我打伤的琴鸡，找到后，又一路衔着它跟在我后面足足跑了半公里路。

在塞索伊奇面前，我因为有这么两条狗而感到多么自豪呀！

真是一条忠实的老狗！老老实实地为我服务了11个年头，从来都没有偷过懒。可是狗的寿命是短促的——这应该是你跟我出来打猎的最后一个夏天了吧！以后，我还能找得到你这样的朋友吗？

在篝火旁喝茶的时候，这些念头一齐涌上了我的心头。矮小的塞索伊奇，手脚利落地把他的猎获物分挂在白桦树枝上：有两只小琴鸡和两只沉甸甸的小松鸡。

3条狗在我周围蹲着，6只狗眼盯着我的一举一动，那副馋样子呀！它们在想：能不能给我们一小块吃吃呢？

我当然会给它们吃的：3条狗干的活儿都挺漂亮，真是3条好样的狗。

现在已经到晌午了。天蓝蓝的，高高的，白杨树的叶子在头上抖动，发出一阵阵轻轻的窸窣声。

这会儿是多么的好呀！

塞索伊奇坐了下来，他沉思着，心不在焉地卷着纸烟。

看来，我马上就可以从他那里听到关于打猎生活中的另一件趣事了。

现在正是时候打新出巢的鸟儿，要猎得机警的鸟儿，每个猎人都用尽了心计。不过，如果他不是预先了解野禽的生活习性，单凭心计是做不到的。

打野鸭

其实，猎人们早就注意到了，在小野鸭会飞的时候，大大小小的野鸭就会成群结队飞行。一天一夜，它们飞行两回，搬两次家，从一个地方飞到另一个地方。白天，它们会钻进茂密的芦苇丛里去睡觉、休息。只要太阳一落山，它们就从芦苇丛里出来，飞走了。

猎人已经在那里守候了。他知道它们会飞到田里去，所以在等它们。他站在岸边，身子躲在灌木丛里，脸朝着水，遥望着落日。

夕阳西下，霞光把天空烧红了宽宽的一大条。明亮的晚霞衬托出一群群野鸭的黑影。它们一直朝猎人飞过来了。猎人瞄准起来很方便，他出其不意地从灌木丛后对这群野鸭开枪，可以打中好几只呢！

他放了很多枪，直到天黑才罢手。

到了夜里，野鸭就在麦田里觅食。

清晨，它们又飞回芦苇丛里去。

猎人在它们必经之路上埋伏着呢！现在他脸朝东方、背朝水站在那儿。

一群群的野鸭，径直冲着猎人的枪口飞过来。

猎人的朋友

一群小琴鸡在林中空地上觅食。它们老挨着林子溜达，这是为了万一有个什么意外好立刻逃到林子里去。

它们在啄浆果吃呢！

一只小琴鸡突然听见草丛里有沙沙的脚步声，抬头一看，从草丛里探出张可怕的兽脸，厚厚的嘴唇耷拉着，颤抖着，两只贪馋的眼睛死盯着伏在地下的小琴鸡。

小琴鸡马上缩成了一个有弹力的圆球儿，两只小眼睛瞪着兽脸上那两只大眼睛，等待着，看往下会怎么样。只要那家伙往前挪动一步，小琴鸡那强有力的翅膀就会扑开，把身子往旁边一闪，飞了上去，要是有本事，跟到空中去捉啊！

时间过得可真慢。那张兽脸还是探出在那儿，对着蜷缩着的小琴鸡。小琴鸡没敢飞起来。那畜生也没有动弹。

这时候，突然有人命令了一声：

"往前走！"

那畜生便扑了过来。小琴鸡扑扑地飞了上去，快得像支箭似的，逃向森林。

"砰"的一声，火光一闪，从森林里冒出一阵青烟。小琴鸡一个跟头栽到地上来了。

猎人把它拾起来，又吩咐那畜生往前走。

"要轻一点！拉达，好好地找，好好地找……"

看谁更有耐性

高大的黑黝黝的云杉林，寂静无声。

太阳刚刚落到森林后面。猎人在沉默的、直溜溜的树干间，从容不迫地走着。

前面突然发出一些响声，好像突然有一阵风闯入了绿叶丛——前面是一片白杨树林。

这时候，猎人站住了。

又是一阵寂静无声。

过了一会儿，又响起来了，好像有稀稀落落的大雨点，敲在树叶上。

吧嗒，吧嗒，吧嗒……

猎人蹑手蹑脚地往前走，一点儿脚步声也没有。

白杨树林已经很近了。

吧嗒，吧嗒，几声后，又不响了。

隔着密密层层的树叶，什么也看不见。

猎人突然停住脚步，站着不动。

到底要看看谁的耐性大：是躲在白杨树上的，还是埋伏在树下、带着枪的呢？

等了好半天，谁也不响了。安静极了。

后来又响起来了：

吧嗒，吧嗒……

啊，这回你可露出马脚了。

一个黑糊糊的家伙正蹲在树枝上，正用嘴啄着白杨树叶的细叶柄，啄得吧嗒吧嗒地响。

猎人瞄准了猎物，打了一枪。于是那个粗心大意的小松鸡，沉甸甸地

掉了下来。

这种打猎很公平。鸟儿藏得隐蔽，猎人来得也隐蔽。

看谁先发现对方，看谁的耐性大一些，看谁的眼睛尖一些。

不公平的较量

猎人顺着小路，在茂密的云杉林中小心地走着。

"扑啦啦，扑啦啦！"

从脚跟前，突然飞起一群琴鸡，8只？不，有9只呢！

猎人来不及端枪，琴鸡已经落到繁茂的云杉树枝上去了。

用不着白费力气去找它们，反正是看不清它们落在哪里了，就算把眼睛睁得老大，也看不清楚的。

猎人躲到小径旁一棵小云杉后。

他从衣袋里掏出一支短笛，吹了一下试试，然后坐在一个小树墩上，扳起枪机。他把短笛又送到唇边。

好戏就要开始了。

大琴鸡藏在树叶丛里不出来，躲得严严实实的。在琴鸡妈妈发出"安全啦"的信号之前，小琴鸡们是不敢动弹的，连翅膀都不敢扑一下。每一只琴鸡都呆在它自己的那根树枝上。

"啤，依，依克！呸，呸，呸！没什么！"这就是信号，意思是说：安全啦……

"啤，依，依克……"

这是琴鸡妈妈在有把握地说："安全啦！安全啦！飞到这儿来吧！"

一只小琴鸡轻轻地溜下树，落到了地上。它仔细地听着：妈妈的声音是从哪儿发出来的呢？

"比克，比克，克儿！"意思是说："在这儿，快来吧！"

小琴鸡跑到了小路上来了。

"比克，比克，克儿——"

原来在那里啊——在小云杉后面，在树墩那里。

小琴鸡撒开腿，顺着小路拼命地跑着，直冲着猎人跑了过来。

猎人马上开了一枪，又拿起短笛来吹。

短笛吹出了琴鸡妈妈的尖细声音：

"比克，比克，克儿！"

又有一只小琴鸡上当了，乖乖送死来了。

本报特约通讯员

 名家点拨

　　猎人在打猎过程中并不是只靠手中的一支枪，他们运用了很多有趣而高超的计谋。首先，他们结交了猎狗这样忠诚的朋友，在打猎过程中它们可帮了不少忙。猎人在打猎时通常要与猎物斗智斗勇。他们还要了解猎物的生活习性，模拟它们的叫声。人类的智慧真是无穷无尽啊！作者通过一个又一个生动有趣的故事，让我们见识了人类的聪明才智。

打靶场

射箭要射中靶子！

答案要对准题目！

第6次竞赛

1. 一条鱼在水里游，你知道它有多重吗？

2. 蜘蛛埋伏在一边，怎么会知道它的网子捉住小虫子了？

3. 哪些野兽会飞？

4. 小鸟白天看见猫头鹰的时候，采取什么行动？

5. 剪刀不离手，可不是裁缝；猪鬃随身带，可不是鞋匠公公。（谜语）

6. 哪一种昆虫（成虫）没有嘴？

7. 家燕和雨燕晴天飞得很高，天气潮湿的时候，挨近地面飞，这是为什么？

8. 为什么家鸡在下雨以前用嘴理羽毛？

9. 怎样可以根据蚂蚁巢的情况来知道天快要下雨了？

10. 蜻蜓吃什么？

11. 哪一种可怕的野兽爱吃树莓？

12. 夏天最好在什么地方观察鸟儿们的脚印？

13. 我们这儿最大的啄木鸟是什么颜色的？

14. 小小身体，分作三样，各在一方：躯体横在场上，脑袋摆在桌上，脚儿还在田里放。（谜语）

寻　鸟

椋鸟哪儿去了？白天，有时还可以看见它们在田里和草场上。可是一到夜里，它们怎么就都不见了呢？小椋鸟一飞出巢，就丢下巢飞走了，再也不回来了。如有人知道它们的踪迹，请通知我们。

《森林报》编辑部启

代向读者问好

我们从北冰洋沿岸和各岛屿飞来，那么多的小海豹、海象、格陵兰海豹、白熊和鲸都嘱咐我们向读者问好。

我们还可以给读者带个口信，问候非洲狮子、鳄鱼、河马、斑马、鸵鸟、长颈鹿、鲨鱼。

飞经这里的北方旅客：沙锥、野鸭、鸥鸟同启看下列4幅图，是四种不同的鸟儿，你能分辨出，哪一只是雨燕，哪一只是家燕吗？

图1　　　图2　　　图3

图4

你坐在空旷的地方——田野里、高冈上或是河边的陡坡上，太阳高悬在天空。从你面前，不时有猛禽的影子在地面上或是水面上慢慢浮过，或者很快地掠过。这些猛禽高高地在你头顶上飞着。

如果你的眼睛很尖，而且又看熟了，你就用不着抬头，就能辨别出它们是哪种猛禽。

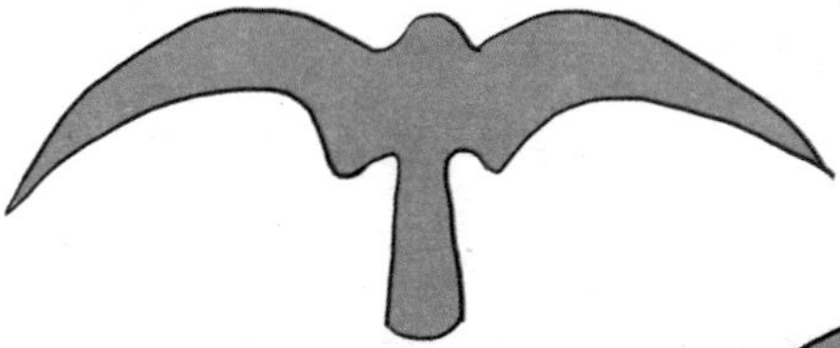

图5

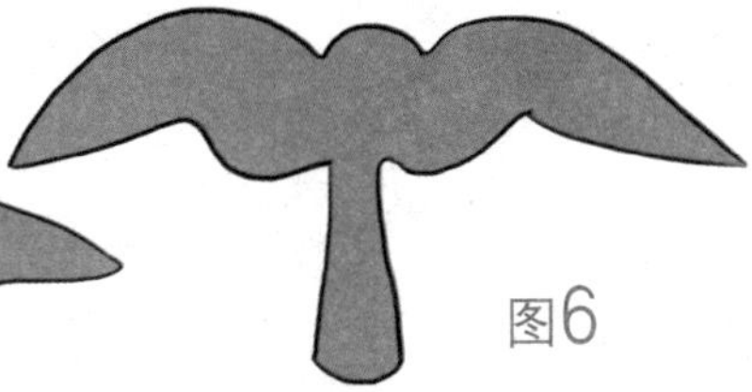

图6

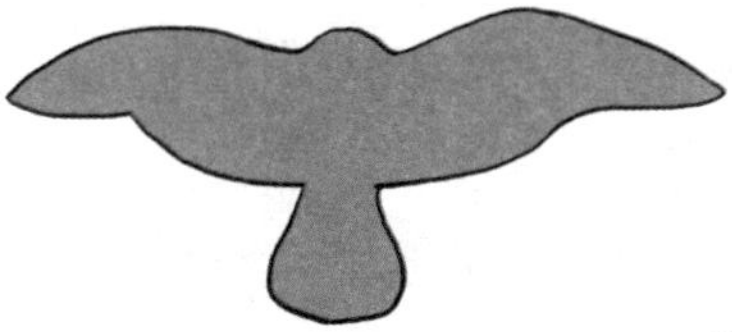

图7

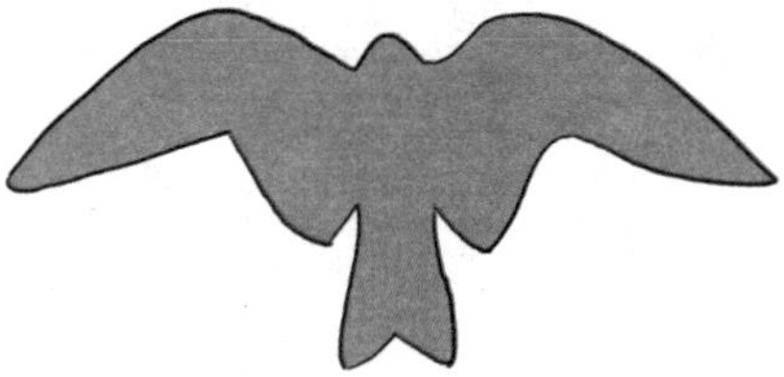

图8

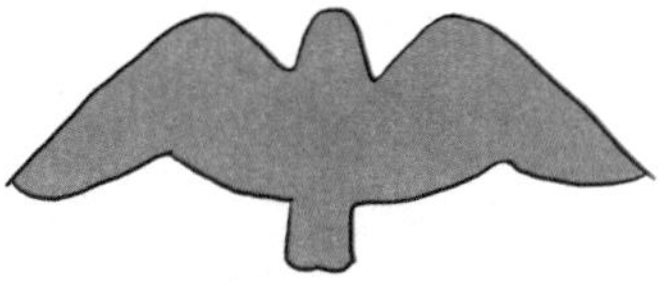

图9

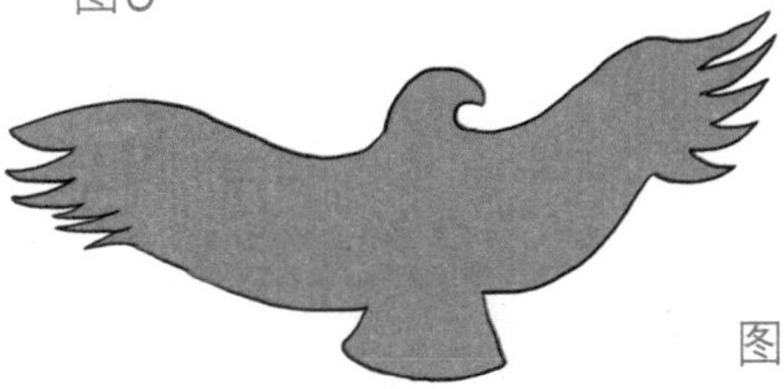

图10

如图5，这是个迅速掠过的、淡淡的影子。窄窄的翅膀像镰刀似的，长长的尾巴，圆圆的尾巴尖。这是什么鸟在飞？

如图6，从影子看出来了，这只鸟身子的大小，跟图5差不多，只是宽一些，翅膀厚厚的，尾巴直直的。这是什么鸟在飞？

如图7，这个影子很大，翅膀更宽一些，尾巴像扇子，尾巴尖圆圆的。这是什么鸟在飞？

如图8，这个影子也很大，翅膀弯得很厉害，尾巴尖有个凹三角的缺口。这是什么鸟在飞？

如图9，这只鸟的影子更大一些，翅膀呈三角形，翅膀尖上好像剪去了一点儿似的，尾巴尖两边成两个直角。这是什么鸟在飞？

如图10，这个影子非常大，翅膀巨大无比，翅膀尖好像张开的五个指头。头显得很小，尾巴显得很短。这是什么鸟在飞？

打靶场答案

核对你的答案是不是打中了目标

◇◇◇

第4次竞赛

1．6月22日。这是一年中白天最长的日子。

2．家燕巢的入口开在顶上；金腰燕巢的入口开在旁边。

3．有。

4．翠鸟。

5．因为这些鸟儿会把自己的巢伪装起来：把做巢的那棵树上的青苔，装点在巢外面。

6．并不全是这样，有许多鸣禽（燕雀、金翅雀、篱莺）孵两次小鸟，也有几种鸟（麻雀、鸡鸟）甚至一个夏天孵三次小鸟。

7．有的。在有苔的池沼里，长着一种毛毡苔。要是有蚊子、飞蛾或其他昆虫落到它那圆圆的、黏黏的叶子上去，就会给它捉住吃掉。在河水和湖水中，有一种狸藻，小虾、小虫、小鱼爬进它的捕虫囊，就会给它捉住。

8．银色水蜘蛛。

9．杜鹃。

10．乌云。

11．麦穗。

12．青蛙。

13．影子。

14．山羊。

15．刺猬。

第5次竞赛

1. 雏鸟出蛋壳以前，嘴巴上面有一小块硬疙瘩，雏鸟就用这东西敲破蛋壳。这个硬疙瘩叫做"雏齿"。雏鸟出壳以后，这个硬疙瘩就脱落了。

2. 牛吃草的时候，用尾巴撵走缠扰它的、叮它的虫子。牛要是没有尾巴，就没法子撵牛虻和牛蝇了，吃草的时候不得不常常摇脑袋和转移地方。这样，它就吃得少了。

3. 因为这种蜘蛛的脚很长，容易折断。它走起路来的动作，就好像在割草似的。

4. 夏天，那时节到处有软弱无助的雏鸟和野兽崽子。

5. 鸟类。

6. 许多种昆虫都是这样的，比如蝴蝶：先是卵，卵变成青虫，青虫变成蛹，蛹变成蝴蝶。

7. 因为鹅的羽毛上蒙着一层油，不会给水沾湿，水落在鹅背上，就会往下流。

8. 因为狗没有汗腺，马有。因此狗伸出舌头，让自己凉快一点儿。

9. 杜鹃的雏鸟。杜鹃产了蛋，就丢下它不管了，让别的鸟去喂养。

10. 摇头鸟。

第6次竞赛

1. 它的体重，正等于它身体所排去的水的重量。

2. 蜘蛛在一边埋伏着，一只脚紧紧地抓住一根绷紧的蜘蛛丝，丝的另一头粘在蜘蛛网上。苍蝇什么的一落在网上，网就震动起来，于是那根细丝也就扯动蜘蛛的脚，让它知道有猎物落网了。

3. 蝙蝠。我们林子里有一种松鼠（鼯鼠），脚趾间有膜，也能滑翔几十米远。

4. 它们成群结队，高声大叫着向猫头鹰冲过去，直到把它赶跑才罢休。

5. 虾。

6. 蜉蝣。

7. 燕子一边飞，一边捕食小蝇、蚊子和其他飞虫。晴天空气干燥，这些虫儿飞得高。潮湿天，空气里充满水分，变得沉重，这些虫儿就不能飞升上去了。

8. 家鸡感觉到天快下雨了，就把尾尻腺所分泌的脂肪抹上羽毛。尾尻腺在鸡的尾部。

9. 在下雨之前，蚂蚁藏进蚂蚁洞里去，把所有的洞口都堵上。

10. 各种飞虫，如苍蝇、蜉蝣、河榧子。

11. 熊。

12. 在稀泥和淤泥上，或在河岸、湖岸、池岸边。许多鸟儿飞集到这里来，它们都留下清楚的脚印。

13. 身上的羽毛是黑的，头上的冠毛是红的。

14. 麦穗。横在场上的是麦秸，摆在桌上的是麦粉做的面包，留在田里的是麦根。

"神眼" 称号竞赛
答案及解释

◇◇◇

第3次测验

1. 图1是啄木鸟的洞。注意：洞下面的地上有一大堆木屑，好像是刚锯出来的。那是啄木鸟用嘴巴凿树洞，替自己造住宅时散落下来的。树干上干干净净，哪儿也没弄脏。啄木鸟是很爱干净的鸟儿，它把自己的雏鸟也收拾得干干净净。

图2是椋鸟在树洞里孵雏鸟。树下没有新木屑。树干上满沾着熟石灰似的鸟屎。

2. 图3是鼹鼠洞。穴居地下的鼹鼠，夏天常常爬上地面，把泥土扒得松松的，成一个小土堆，自己却躲在那里面不露面。

3. 图4是灰沙燕的殖民地，它们在砂崖壁上挖了洞做巢。有许多人以为这是雨燕洞，可是雨燕从来也不在这样的洞里做巢。雨燕的巢做在顶楼里、钟楼上、大树洞里、岩石上和椋鸟巢里。

4. 图5是獾挖的洞，可是住在洞里的是狐狸。一望而知，这个洞是个熟练的挖土兽挖的：出入口有好几个，没有一个是坍坏的。可是现在在洞口乱丢着家鸡和琴鸡的羽毛和骨头，啃完了肉的兔子脊梁骨，这显然是不爱清洁的肉食兽吃剩下的东西。不用说，这一定是狐狸了。

图6也是獾挖的洞，现在它还住在里头。獾是非常爱清洁的野兽。在它居住的地方，你找不出一点儿吃剩下的东西。它的食物是软体动物、青蛙和嫩植物根等。

第4次测验

图1：小鹛鹛

图2：琴鸡妈妈

图3：小野鸭

图4：小琴鸡

图5：红脚隼

图6：小燕雀

图7：燕雀爸爸

图8：小红脚隼

图9：野鸭爸爸

图10：鹛鹛妈妈

请你对照一下自己画的画儿，看看你把雏鸟和它们的爸爸妈妈排列得对不对。

第5次测验

图1、图2是灰沙燕和雨燕。雨燕是我们这儿的燕子之中最大的一种，它的翅膀很长，形状像镰刀似的。

图3、图4是金腰燕和家燕（它的尾巴像两根小发辫似的）。

图5是正在飞的红隼的影子。

图6是正在飞的老鹰的影子。

图7是正在飞的鹞鹰的影子。

图8是正在飞的黑鸢的影子。

图9是正在飞的河鸦的影子。

图10是正在飞的雕的影子。

把这些鸟影照样画在笔记本上，把它们全记熟。